ELEMENTAR, MEUS CAROS E MINHAS CARAS...

OS ELEMENTOS QUÍMICOS EM (DE) DIVERSOS OLHARES

1 **H** Hidrogênio	8 **O** Oxigênio	19 **K** Potássio	26 **Fe** Ferro	27 **Co** Cobalto
33 **As** Arsênio	41 **Nb** Nióbio	42 **Mo** Molibdênio	43 **Tc** Tecnécio	46 **Pd** Paládio
47 **Ag** Prata	55 **Cs** Césio	58 **Ce** Cério	84 **Po** Polônio	101 **Md** Mendelévio

Márlon Herbert Flora Barbosa Soares
Nyuara Araújo da Silva Mesquita
Organizadores

ELEMENTAR,
MEUS CAROS E MINHAS CARAS...

OS ELEMENTOS QUÍMICOS EM (DE)
DIVERSOS OLHARES

Editores: José Roberto Marinho e Victor Pereira Marinho
Projeto gráfico e Diagramação: Horizon Soluções Editoriais
Capa: Horizon Soluções Editoriais
Imagem da capa: Adobe Stock Photo

Texto em conformidade com as novas regras ortográficas do Acordo da Língua Portuguesa.

Dados Internacionais de Catalogação na Publicação (CIP)
(Câmara Brasileira do Livro, SP, Brasil)

Elementar, meus caros e minhas caras...: os elementos químicos em (de) diversos olhares. / Organizadores Márlon Herbert Flora Barbosa Soares, Nyuara Araújo da Silva Mesquita. - 1. ed. - São Paulo: LF Editorial, 2024.

Vários autores.
Bibliografia.
ISBN: 978-65-5563-439-6

1. Elementos químicos 2. Tabela periódica dos elementos químicos 3. Química I. Soares, Márlon Herbert Flora Barbosa. II. Mesquita, Nyuara Araújo da Silva.

24-199263 CDD: 546.8

Índices para catálogo sistemático:

1. Tabela periódica: Química 546.8

Tábata Alves da Silva – Bibliotecária – CRB-8/9253

ISBN: 978-65-5563-439-6

Impresso no Brasil | *Printed in Brazil*

LF Editorial
Fone: (11) 2648-6666 / Loja (IFUSP)
Fone: (11) 3936-3413 / Editora
www.livrariadafisica.com.br | www.lfeditorial.com.br

Conselho Editorial

SUMÁRIO

APRESENTAÇÃO

Eita. Mais um livro sobre tabela periódica! Sim. Mas (sempre tem um "mas" quando a gente quer convencer alguém que o que fazemos é diferente, eheheh), esse é diferente (viu?). Convidamos alguns educadores químicos com a seguinte proposta: escolha um elemento químico e fale sobre ele, de forma livre e com a temática que você desejar. Foi assim que chegamos a este primeiro volume do Elementar meus caros e minhas caras.

São 14 elementos/capítulos. Para darmos início a uma série (olha a vontade e a esperança), este livro traz os seguintes elementos: Hidrogênio, Oxigênio, Potássio, Ferro, Cobalto, Arsênio, Nióbio, Molibdênio, Tecnécio, Paládio, Prata, Césio, Cério, Polônio e Mendelévio.

E tem de tudo nesse livro. Textos mais formais, com profundidade acadêmica, textos menos formais, com informações relevantes, textos metidos a engraçadinhos (e de fato o são), textos na forma de crônica e na forma de contos. Apesar de diferentes, são iguais no objetivo: trazer informações sobre o elemento químico que escolheram. Os autores trazem textos que podem ser utilizados para contextualizar a sala de aula, tanto de nível médio quanto de nível superior, trazendo informações importantes sobre os elementos químicos nem sempre disponíveis na literatura.

Há desde abordagens românticas até fantasiosas. Há uma pegada política e também uma social. Há de fato, liberdade de argumento, forma e texto. Não compremos este livro como um texto acadêmico. Achamos melhor nem definir que tipo de texto é. Talvez um paradidático, quem sabe. No entanto, sabemos que este livro pode ser uma boa leitura para aqueles que gostam de ler sentados na beira do mar, ou ainda, um livro de cabeceira na hora de dormir, e claro, um ótimo livro de banheiro (isso mesmo, largue o celular e pegue um livro).

O primeiro capítulo é sobre o Hidrogênio (grande coincidência ele abrir este livro, nada planejado). Foi escrito por João Tenório, que como podem ler, nem tem H no nome, mas fez um texto parafraseando Raul Seixas. O capítulo 8 é sobre o Oxigênio. Foi escrito pela Irene Cristina de Mello, que só tem a letra O no final do nome e fez uma receita para você viver melhor. O capítulo 19 é sobre o Potássio e foi escrito pela Gahelika Pântano. E ela descreve o que ninguém te disse sobre o Potássio. Nos parece um terreno pantanoso. O capítulo 26 é sobre o Ferro e foi escrito pela Nyuara Mesquita. Cuidado por onde e com quem andas, é a temática, ou seja, conheça melhor o ferro, para não ter maiores contratempos. Já o capítulo 27, traz os elementais kobold para falar do elemento Cobalto. Quase mágico e fantasioso e foi escrito pelo Márlon Soares.

Partimos para o capítulo 33, escrito pelo Bruno Leite, descreve uma caçada ao nosso Arsênio. De tirar o fôlego. Já o capítulo 41, de autoria do Roberto Dalmo, Bruna Fary e Alezandre Polizel, tenta dar certa humanização à figura do Nióbio e seus aspectos políticos. O capítulo 42, de Alex Magalhães de Almeida é um autorretrato do Molibdênio, um elemento metido a autor. Elias Ionashiro é o autor do capítulo 43. Informações relevantes para um elemento que ninguém nem lembra que existe, o Tecnécio. Depois, Amadeu Bego escreve o capítulo 46, sobre o Paládio. Uma ode a um elemento químico e como o professor pode trabalhá-lo em sala de aula.

Nos capítulos derradeiros, começamos com o Capítulo 47, sobre a Prata, escrito por Hélio Messeder Neto, que nos mostra a prata em vários contextos, desde o folclore até as questões sociais de sua extração e uso. E sim, ele matou um lobisomem. Leia. O capítulo 55 foi escrito por Eduardo Cavalcanti, e é sobre o Césio, o acidente radiológico e escolhas pessoais. Eduardo ainda é goiano. Deu match. Depois temos uma historieta de amor que envolve o Cério. É sério. Foi escrito por Marcus Boldrin. Indo para os finalmentes, temos o capítulo 84, escrito pela Camila Silveira, que escreve sobre o Polônio e o quanto isso pode fortalecer as abordagens de gênero em sala de aula. Terminamos com o capítulo final, o 101, no qual Euzébio Simões discorre sobre o Mendelévio. Você pode não ter ouvido falar dele, mas, dramaticamente, ele está homenageado neste livro.

Se você gostar, caro leitor, esse pode ser o primeiro de vários, já que apresentamos apenas 15 elementos. Falta ainda um bocado. E quem sabe não será você a escrever os próximos capítulos desta saga? Espero que você se divirta lendo, como nós nos divertimos escrevendo.

Um mol de abraços,

Márlon Herbert Flora Barbosa Soares
Nyuara Araújo da Silva Mesquita
Em fevereiro de 2024, no verão do estado de Goiás (quente!!).

ELEMENTAR, MEU CARO...

HIDROGÊNIO: O INÍCIO, O FIM E O MEIO

João Tenório

Falar do hidrogênio é como contar a história da evolução do Universo. Sendo o elemento químico mais simples da tabela periódica, ele também foi um dos primeiros a surgir no Universo, estando na natureza desde o princípio da formação dos primeiros átomos. A simplicidade do hidrogênio é devido à estrutura de seu átomo, sendo composto apenas por um núcleo com um único próton e um elétron (se tratando do seu isótopo mais abundante, o prótio), o que também lhe confere o "título" de elemento mais leve da Tabela Periódica.

Sendo representado na Tabela Periódica pelo símbolo H, o hidrogênio está presente em abundância no Universo, tendo sido importante na formação de elementos químicos mais pesados, e sendo essencial na composição de diversos compostos indispensáveis para manutenção da vida na Terra. Apesar de ter sido o primeiro elemento químico a ser formado no Universo, o conhecimento de sua existência se deu apenas em 1766. O responsável pela sua identificação foi o químico britânico Henry Cavendish que, inicialmente, o batizou de ar inflamável, em referência a uma de suas características mais marcantes. O nome pelo qual conhecemos hoje, hidrogênio, foi cunhado em 1783 pelo químico francês Antoine Laurent Lavoisier pela observação de que o hidrogênio estava na composição da água - a palavra hidrogênio é formada pela junção dos termos gregos *hydro* (água) + *genes* (gerador/formador).

A partir de sua identificação, foi necessário defini-lo. O que chamamos de hidrogênio? O gás identificado por Cavendish, ou seja, a substância? O átomo? O que representa ou o que é o elemento químico hidrogênio? Importante destacar que o que Lavoisier e Cavendish manipulavam em laboratório era a substância gasosa elementar (H_2) o que, na concepção de Lavoisier, se considerava como o próprio elemento químico. Segundo o químico francês:

> Eu me contentaria, portanto, em dizer que se dissemos que elementos são moléculas simples e indivisíveis que compõe os corpos, é provável que não os conhecemos verdadeiramente: que, ao contrário, nos designamos o nome "elemento" ou de princípio dos corpos a ideia do último termo no qual se possa analisar. Todas as substâncias que nós ainda não pudemos decompor por nenhum meio, são elementos (LAVOISIER, 1789, p. 08. Tradução do autor).

Portanto, sendo a substância gasosa de fórmula molecular H_2 o último termo no qual se possa analisar, na ideia de Lavoisier, o gás hidrogênio representa o elemento químico (de símbolo H – na fórmula molecular representando cada átomo individual). Neste sentido, é importante destacar que noção de que a substância elementar hidrogênio é formada por uma molécula diatômica com dois átomos ligados (H_2) aconteceu apenas depois de 1811, quando o químico italiano Amadeo Avogadro deduziu que átomos fazem ligações químicas para formarem moléculas. Assim, ao longo deste capítulo, irei me referir ao hidrogênio das duas formas: em alguns momentos me referindo à substância elementar formada pela molécula H_2 e suas propriedades macroscópicas e, em outros momentos, ao átomo, sua estrutura, número atômico e suas propriedades como elemento químico.

Dessa forma, o objetivo do presente capítulo, é apresentar um breve relato de como se deu a formação do hidrogênio nos primeiros segundos de vida do Universo, alguns aspectos históricos de sua identificação e sua importância na vida da Terra, estando presente em diversos compostos e materiais essenciais em nosso planeta.

O início

O hidrogênio foi o primeiro elemento químico a ser formado no Universo há cerca de 14 bilhões de anos. Sua simplicidade em termos de estrutura atômica explica sua enorme abundância, compreendendo cerca de 75% da massa conhecida do Universo (PAGLIARO; KONSTANDOPOULOS, 2012). Quando o Universo começou a esfriar, segundos após o início de sua expansão, o que ficou conhecido como *Big Bang*, toda matéria que estava concentrada em um único ponto (a sopa cósmica) começou a se condensar, unindo subpartículas (elétrons, prótons, neutrinos, nêutrons etc.), antes dispersas, para formar os primeiros átomos de hidrogênio e hélio (SILVA, 2017). Esse processo de formação dos primeiros elementos químicos no Universo ficou conhecido como nucleossíntese primordial (MACIEL, 2004).

O primeiro isótopo do hidrogênio a ser formado foi o prótio (H), sendo constituído por apenas um próton e um elétron (eq.1). Ainda com o resfriamento do Universo, a partir da colisão entre prótons e nêutrons, o deutério (D) foi formado (eq.2). E, finalmente, nas colisões entre deutério e nêutrons, o trítio (T) foi formado (eq.3).

$$p + e- \rightarrow H \ (eq.1)$$
$$p + n \rightarrow D + \gamma \ (eq.2)$$
$$D + n \rightarrow T + \gamma \ (eq.3)$$

Maciel (2004, p. 69)

Uma evidência da formação do hidrogênio no início do *Big Bang* são as grandes nuvens de hidrogênio identificadas nos confins do Universo, graças a equipamentos de detecção como o telescópio Keck, no Havaí (TUMLINSON et al, 2011). É em meio a essas grandes nuvens de gás e poeira que muitas estrelas são formadas na chamada região HII no meio interestelar (LAZARETO; BRISSI, 2020)

"Eu sou a luz das estrelas"

Por este motivo, um lugar possível de encontrar hidrogênio em abundância é nas estrelas, na forma de gás ionizado. A fonte do brilho das estrelas é, justamente, a energia gerada a partir de reações de fusão nuclear do hidrogênio segundo as equações 4 e 5 abaixo (MACIEL, 2004, p.70):

$$H + H \rightarrow D + \beta^{+} + \mu \ (eq.4)$$
$$D + H \rightarrow {}^{3}He + \gamma \quad (eq.5)$$

A partir das equações químicas acima, percebe-se que núcleos de hélio são formados a partir da fusão de deutério e prótio. Por sua vez, núcleos de hélio se fundem no interior das estrelas, formando berílio. O berílio, em fusão com o próprio hélio, forma o carbono. E, assim, núcleos mais pesados de outros elementos químicos foram (e vão) sendo "forjados" no interior das estrelas, em um processo chamado de nucleossíntese estelar (MACIEL, 2004). Ou seja, não seria exagero considerar que o hidrogênio é o elemento químico primordial, aquele que deu origem a todos os outros elementos que existem na natureza.

E, sendo o primogênito do Universo e progenitor de todos os demais elementos químicos, o hidrogênio também foi o primeiro a ter sua molécula formada durante o resfriamento do Universo que, posteriormente, veio a formar a substância gasosa. Segundo Opher (2004) a molécula do gás hidrogênio (H_2) começou a ser formada graças à capacidade dos átomos de hidrogênio em contribuir com o resfriamento do Universo (em torno de 100K), tornando possível a ocorrência das reações representadas pelas equações 6 e 7 abaixo:

$$H + e- \rightarrow H^- + \gamma \ (eq.6)$$
$$H^- + H \rightarrow H_2 + \gamma \ (eq.7)$$

Opher (2004, p. 2008)

A partir da formação de moléculas de hidrogênio e de outros gases mais simples, como o hélio, foi possível a condensação de grande parte da matéria, havendo o colapso de nuvens de gás e poeira e a formação de estrelas, como dito anteriormente. Isso justifica a grande quantidade de nuvens de hidrogênio encontradas no Universo, representando 88,6% dos átomos no cosmos (NEVEZ; CORREA; CARDOSO, 2008).

"Mas saiba que eu estou em você"

Olhando, especificamente, para o planeta Terra, formado há 4 bilhões de anos, a abundância do hidrogênio é de cerca 0,9% da massa terrestre. Por aqui, ele é encontrado em sua forma de substância elementar gasosa (H_2) ou na composição de compostos, tais como amônia (NH_3) ou a água (H_2O). O isótopo mais abundante é prótio, sendo o único estável (estima-se que cerca de 99,98% do hidrogênio encontrado na Terra seja o prótio).

Todos os compostos orgânicos também têm o elemento químico hidrogênio em sua composição. Consequentemente, pode-se considerar que, de fato, ele está em toda parte. No ar que respiramos, nos materiais que manipulamos, nos alimentos que tiramos nossa energia para as atividades diárias e no nosso próprio corpo. Estima-se que 10% da massa corporal seja de hidrogênio, a partir de sua presença em todos os compostos orgânicos que fazem parte do nosso corpo. Ou seja, em uma pessoa tiver 100kg de massa, por exemplo, pode-se dizer que cerca de 10kg seja apenas de hidrogênio. Isso é o equivalente a 10^4 mols de átomos de hidrogênio.

Porém, este conhecimento sobre o hidrogênio, bem como sua identificação e determinação de suas propriedades, só veio a ser construído centenas de milhares de anos depois de sua formação no Universo. Mais especificamente entre os séculos XVII e XVIII, quando ele foi identificado e estudado, como será apresentado no tópico seguinte.

O meio

Entre os séculos XVII e XVIII, na transição entre a Alquimia e a Química, um campo de conhecimento começou a ser desenvolvido e bastante explorado, chamado posteriormente de Química Pneumática. Tal campo de estudo englobava o conhecimento construído experimentalmente sobre a natureza dos diferentes tipos de gases (ou diferentes tipos de 'ar', usando o termo da época) com base em conhecimentos alquímicos e químicos. Os trabalhos desenvolvidos na Química Pneumática foram responsáveis pelo início do rompimento das ideias filosóficas sobre a natureza dos elementos, quando foi observado que o ar, até então compreendido como uma entidade elementar/simples, na verdade consistia em uma mistura de diferentes tipos de ar com propriedades distintas (PARTINGTON, 1985; SILVA, 2017). Foi no contexto da Química Pneumática que o elemento químico hidrogênio, em sua forma de substância gasosa, foi isolado e identificado.

Sua primeira observação se deu por Robert Boyle (1627 – 1691) em 1671 a partir de reações de ácidos minerais com ferro. Porém sua identificação e caracterização como uma substância elementar distinta foi a partir dos experimentos de Henry Cavendish (RIDGEN, 2003).

"Eu sou a vela que acende"

Henry Cavendish (1731 – 1810) foi um químico e físico britânico, tendo se destacado no estudo sobre a natureza de vários tipos de ar. Os experimentos realizados por Cavendish se assemelham àqueles executados por Boyle, observando a reação entre ácidos minerais e diversos tipos de metais. Seus achados sobre o isolamento e identificação do ar desprendido de tal reação foram publicados em 1766 em três artigos na revista *Philosophical Transactions* (WEST, 2014). No primeiro artigo, Cavendish (1766) apresenta o novo ar identificado com o nome de ar inflamável, devido a uma das características marcantes identificadas por ele: a capacidade de queimar com facilidade. Outras propriedades foram identificadas, tais como: elasticidade (para descrever como o ar poderia assumir diferentes volumes); capacidade explosiva (não apenas gerar queima, mas a forma explosiva como reage na presença de fogo) e densidade (a partir do deslocamento de água observado quando dissolvido). Sobre esta última, ele observou que o ar inflamável era 8700 vezes mais leve que água (CAVENDISH, 1766).

A importância do hidrogênio e a determinação de outras propriedades foi explorada nos anos posteriores, culminando com o trabalho do químico francês Antoine Lavoisier (1743 – 1794) em 1783. Lavoisier reproduziu os experimentos de Cavendish formulando a lei da conservação da massa e nomeando o ar inflamável de hidrogênio – do grego *hydrogenes* "formador de água" (WEST, 2014). Nesses mesmos experimentos, descritos na obra Tratado Elementar de Química (LAVOISIER, 1789), ele observou a proporção de oxigênio e hidrogênio que reagia para formar a água, determinando a fórmula molecular HO, definindo que oxigênio e hidrogênio seriam substâncias elementares. Tal definição, como pontuada antes, foi com base na ideia de que tais espécies químicas, em sua forma gasosa, eram as mais elementares possíveis, não podendo ser decompostas em outras espécies mais simples, conservando suas propriedades.

"Eu sou o tudo e o nada"

Além dos estudos sobre as propriedades do hidrogênio e possíveis aplicações na ciência e tecnologia, com o passar dos anos, mais conhecimento foi sendo construído acerca da constituição da substância formada pela molécula H_2 e seus átomos constituintes. O elemento químico mais simples e leve da Tabela Periódica serviu de base para possibilidade de compreensão da natureza da matéria em nível quântico, a partir do desenvolvimento de estudos sobre a natureza do seu átomo, proporcionando a proposição de modelos para compreensão da estrutura e comportamento da matéria.

Entre a primeira e a segunda década do século XX, alguns dos principais cientistas da Química e Física estavam refletindo sobre a estrutura dos átomos, a fim de explicar alguns fenômenos observados desde o século XIX, como a radioatividade, as emissões do corpo negro e o efeito fotoelétrico. Neste contexto, o físico Dinamarquês Niels Bohr (1885 – 1962) propôs uma solução para o modelo atômico antes proposto por Ernest Rutherford (1871 – 1937), a fim de encontrar uma explicação matemática para a diminuição da velocidade das partículas alfa e beta nos experimentos (PEIXOTO, 1978).

Para isso, ele propôs um modelo atômico que se aplicava ao átomo de hidrogênio, sobretudo com base no conhecimento construído anteriormente por Max Planck (1858 – 1947) e Albert Einstein (1879 – 1955) nos primeiros passos da mecânica quântica. Assim foi possível a explicação de alguns fenômenos observados na época a partir da ideia de que o átomo teria seus elétrons girando em torno do núcleo com uma determinada quantidade de energia. Para Bohr, no átomo de hidrogênio, o elétron estaria girando em torno do próton com um momento angular quantizado e o próton também estaria girando em torno de um centro de massa (PEIXOTO, 1978). Como seu modelo se aplicou bem na explicação do comportamento do átomo de hidrogênio, se aplicava também aos chamados átomos monoeletrônicos, ou sejam, que tinham a mesma configuração do hidrogênio (prótio).

Com o tempo, teorias advindas da mecânica quântica aprimoraram o modelo de átomo para o hidrogênio bem como o conhecimento da estrutura e comportamento da matéria. Assim, avanços na área de tecnologia foram permitidos e, alguns deles, com o hidrogênio sendo protagonista. Uma das diversas aplicações que o hidrogênio apresenta na indústria é no desenvolvimento de combustíveis, tendo-o como fonte de energia, como será apresentado a seguir.

O fim

A utilização do hidrogênio como fonte de energia na forma de combustível é ampla na indústria automotiva e de transporte. Tal utilização é viabilizada através de alguns processos de obtenção e armazenamento. Nos últimos anos, foi possível observar, por exemplo, sua utilização como combustível líquido em foguetes espaciais, sendo utilizado durante anos pela NASA em suas missões (PAGLIARO; KONSTANDOPOULOS, 2012). Também é possível observar que algumas montadoras de automóveis começam a desenvolver tecnologias que viabilizam a utilização do hidrogênio como combustível em carros de passeio, devido à sua maior eficiência em relação a outros combustíveis, como será mostrado a seguir. Neste caso, os tanques de hidrogênio gasoso podem ser instalados em qualquer espaço disponível no automóvel (PAGLIARO; KONSTANDOPOULOS, 2012).

"Você me tem todo dia"

Segundo Cabral *et al.* (2014) o armazenamento e transporte do hidrogênio geralmente são realizados com a substância em seu estado líquido, à baixa temperatura e alta pressão. O hidrogênio em seu estado líquido necessita de uma temperatura de -253°C para o transporte, o que gera uma grande demanda de energia, para mantê-lo a esta temperatura. Para isso, geralmente são utilizados reservatórios de gás comprimido, hidrogênio líquido ou o armazenamento através de hidretos metálicos ou alcalinos. Vargas *et al.* (2006) apontam que o resfriamento ao estado líquido é um dos pontos positivos na utilização do hidrogênio como combustível, pois devido ao seu baixo peso molecular, ocupa um espaço equivalente a 1/700 daquele que ocuparia no estado gasoso, facilitando seu armazenamento e transporte.

De acordo com Cabral *et al.* (2014), o hidrogênio como combustível pode gerar até 2,5 vezes mais energia do que combustíveis comuns como propano, gasolina e metano. Vargas *et al.* (2006) afirmam que essa quantidade de energia por unidade de massa é maior do que qualquer outro combustível conhecido, aproximadamente 120,7 kJ/g. Seu potencial também se reflete por ser fonte de energia limpa, não emitindo produtos tóxicos ou gases poluentes. Além disso, Zan (2010) aponta outras vantagens do hidrogênio como combustível:

- Alta velocidade de combustão em relação a outros combustíveis;
- Sua célula combustível é mais operativa do que o motor a combustão interna;
- Recurso ilimitado encontrado na natureza;
- A sua produção, mesmo a partir de combustíveis poluentes, pode diminuir em até 50% a emissão de dióxido de carbono.

Um dos pontos a ser observado na utilização do hidrogênio como fonte de energia é a sua obtenção e os custos por trás disso. Dentre as principais fontes de hidrogênio, podem-se destacar[1] (SANTOS; SANTOS, 2005):

[1] <https://ambientes.ambientebrasil.com.br/energia/celula_combustivel/fontes_de_hidrogenio.html> Acessado em 24 de set. de 2021.

- Gás natural: a partir de um processo industrial chamado de reforma de vapor, o qual consiste na quebra do gás natural (metano) através de energia térmica, vapor d'água e catalizadores (platina ou níquel);
- Água: a obtenção de hidrogênio a partir da água se dá pelo processo de eletrólise. Neste processo, a partir da corrente elétrica, a molécula de água se quebra, e os átomos se rearranjam formando moléculas dos gases hidrogênio e oxigênio;
- Algas e bactérias (fonte fotobiológica): a partir de processos biológicos, é possível haver a produção de hidrogênio a partir da utilização de enzimas. Sob certas condições, os pigmentos presentes em certos tipos de algas observem a energia solar e as enzimas atuam como catalisadores na decomposição das moléculas de água, algo semelhante que também ocorrem bactérias, com o auxílio de substratos.

Apesar dessa potencialidade do hidrogênio como combustível e dos meios já conhecidos para obtenção e armazenamento, devido aos altos custos, sua utilização ainda é restrita, se limitando a veículos de transporte espacial e alguns tipos de automóveis. Um dos motivos é que, mesmo sendo considerado como energia limpa, sua produção (pelas vias aqui descritas) é responsável pela emissão de cerca 830 milhões de toneladas de gás carbônico na atmosfera, sendo ainda inviável sua produção e utilização em larga escala[2].

Um exemplo da utilização de hidrogênio como combustível de automóvel, é o modelo Hyundai Nexo da montadora sul coreana Hyundai. De acordo com o fabricante, a partir da ideia de focar 100% na fabricação de automóveis com zero emissão até 2040, a expectativa é que metade de sua frota seja movida a hidrogênio. O Nexo pode fazer 900km com apenas um tanque, ou seja, o equivalente a 6,27kg de hidrogênio gasoso. Como produto, não há a emissão de nenhum gás poluente, apenas água. Para efeito de comparação, um carro comum emite 125kg de gases poluentes em uma viagem de 900km[3] (gastando em média 110l de gasolina ou 81,07kg). Em termos de custos, para percorrer os mesmos 900km, o carro movido a hidrogênio gastaria U$ 18,81 – considerando U$ 3,00 por Kg de hidrogênio produzido via eletrólise em 2020 (SOUZA, 2022). Quanto ao carro movido à gasolina, além da emissão dos gases poluentes, o custo da viagem seria U$ 136,40 (considerando

---

[2] < https://www.uol.com.br/carros/noticias/reuters/2019/06/29/hidrogenio-como-combustivel-e-promissor-mas-producao-traz-desafios.htm> Acessado em 27 de set. de 2021.

[3] < https://canaltech.com.br/carros/carro-movido-a-hidrogenio-da-hyundai-faz-900-km-por-tanque-e-ainda-purifica-o-ar-194591/> Acessado em 27 de set. de 2021.

valor atual da gasolina no mercado internacional na época da escrita deste texto – U$1,24 o litro[4]).

"Eu sou, eu fui, eu vou"

O objetivo deste capítulo foi apresentar um breve histórico sobre o conhecimento construído acerca do elemento químico hidrogênio, desde a sua formação, nos primórdios do Universo, e passando por sua descoberta/identificação e aplicações a partir do conhecimento acerca de suas propriedades.

Dentre os elementos químicos conhecidos, o hidrogênio pode ser considerado um dos mais importantes para manutenção da vida no Planeta, estando presente em diversos compostos essenciais na Natureza, como os compostos orgânicos, por exemplo. O hidrogênio, em sua forma de substância gasosa, é um dos compostos que auxilia na manutenção da temperatura tendo um papel essencial na composição da atmosfera terrestre. Ainda na atmosfera, é um dos responsáveis pela formação da água e, em escala industrial, é utilizado na produção da amônia e outros produtos químicos importantes. No que diz respeito à produção da amônia, o hidrogênio é utilizado em um processo desenvolvido pelos químicos Fritz Haber (1868 – 1934) e Carl Bosch (1874 – 1940), que ficou conhecido como síntese de Haber-Bosch e fez com que ambos fossem laureados com o Nobel de Química em 1918 e 1931.

A partir do recorte aqui apresentado, observa-se a potencialidade para sua utilização como combustível, por produzir energia limpa, sem a emissão de gases que causam o efeito estufa ou produtos tóxicos. É possível que, em breve, observaremos de uma forma mais próxima a nós as aplicações do hidrogênio como fonte de energia, à medida que o desenvolvimento tecnológico permitir a redução de custos de produção e o desenvolvimento em larga escala de produtos movidos a hidrogênio. Seria o hidrogênio responsável pela salvação do nosso planeta na manutenção de recursos naturais para produção de energia? Só o tempo irá nos mostrar...

Este capítulo apresentou trechos da música Gita, de autoria de Raul Seixas e Paulo Coelho, compondo os títulos e subtítulos do presente texto.[5]

---

[4] https://autopapo.uol.com.br/noticia/preco-da-gasolina-no-mundo/ Acessado em 10 de dez. de 2022.
[5] SEIXAS, R.; COELHO, P. Gita. Rio de Janeiro: Universal Music: 1974 (4:50 min).

Referências

CAVENDISH, H. Three papers, containing experiments on factitious air. *Philosophical Transactions of the Royal Society of London*, n. 56, p. 141-184, 1766.

LAVOISIER, A. L. *Traité élémentaire de chimie*. Maxtor France, 1789.

LAZARETO, B.; BRISSI, D. A. Formação Estelar: Uma Revisão. In: *11º Congresso De Iniciação Científica E Tecnológica Do IFSP*. 2020.

MACIEL, W. J. Formação dos elementos químicos. *Revista USP*, n. 62, p. 66-73, 2004.

NEVES, P.C.P; CORREA, D. S; CARDOSO, J. R. A classe mineralógica das combinações orgânicas associadas ao hidrogênio. *Terrae Didatica*, v. 4, n. 1, p. 51-66, 2008.

PAGLIARO, M.; KONSTANDOPOULOS, A. G. *Solar hydrogen: fuel of the future*. Royal Society of Chemistry, 2012.

PEIXOTO, E. M. A. química quântica parte I: o átomo de hidrogênio. *Quim. Nova*, v. 1, 1978.

RIGDEN, J. S. *Hydrogen*: the essential element. 2003.

SANTOS, F.; SANTOS, F. A. Combustível" hidrogénio". *Millenium*, p. 252-270, 2005.

SOUSA, L. M. S. Potencial do Ceará para obtenção de hidrogênio verde via eletrólise da água residual através da energia eólica. 2022. 75 f. *Trabalho de Conclusão de Curso* (Graduação em Engenharia de Energias Renováveis) - Universidade Federal do Ceará, Fortaleza, 2022.

TUMLINSON, J. et al. The large, oxygen-rich halos of star-forming galaxies are a major reservoir of galactic metals. *Science*, v. 334, n. 6058, p. 948-952, 2011.

VARGAS, R. Hidrogênio: o vetor energético do futuro. *São Paulo: Centro de Ciência e Tecnologia de Materiais (CCTM), Instituto de Pesquisas Energéticas e Nucleares (IPEN)*, 2006.

WEST, J. B. Henry Cavendish (1731–1810): hydrogen, carbon dioxide, water, and weighing the world. *American Journal of Physiology-Lung Cellular and Molecular Physiology*, v. 307, n. 1, p. L1-L6, 2014.

ZAN, G, F, F; Hidrogênio, o combustível do futuro, *Complexo educacional contemporâneo*, 2010.

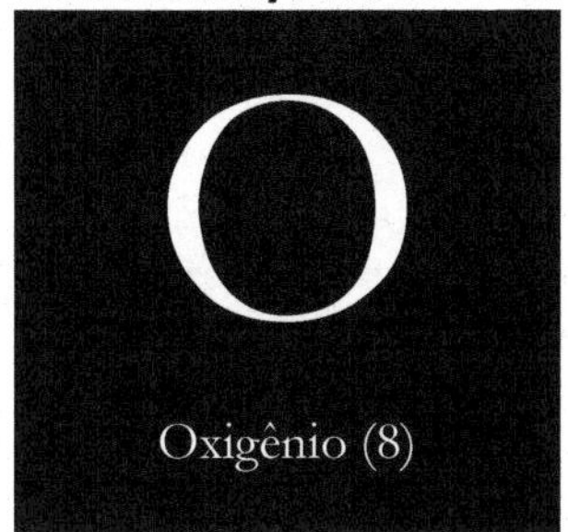

PARA RESPIRAR, ENVELHECER E EMBELEZAR O OXIGÊNIO IRÁ TE AJUDAR

Irene Cristina de Mello

Inspire, expire e respire

Quando pensamos no elemento químico Oxigênio, inevitavelmente nos vem à mente a sua função mais nobre, que é a de nos auxiliar no processo de respiração e manutenção da vida. Para compreender essa importância, experimente ficar alguns minutos sem respirar. Além desta função vital, o oxigênio é também o elemento que mais contribui para a massa de uma pessoa. Isso mesmo, se você está com muita massa tem muito oxigênio em você, pois uma vez que aproximadamente 75% da nossa massa corpórea é composta por água e cerca de 89% da massa da água é composta de oxigênio, isso implica que ele compõe em torno de 66% de nossa massa. A partir de agora então, você pode substituir a frase "estou acima do peso" por "eu tenho excesso de oxigênio", o que parece ser quimicamente bem elegante.

Dentre as muitas funções do Oxigênio, certamente a respiração é uma das mais importantes e, por isso, merece o nosso recordatório. Afinal, por que respiramos? Como sabemos, o corpo humano é formado por células que trabalham em conjunto – algo na humanidade que trabalha desta forma - e, para que isto ocorra, além de nutrientes, as células precisam do Oxigênio. E o processo todo não para por aí, pois com a ajuda dos pulmões, captamos Oxigênio do ar e expiramos o gás carbônico (CO_2), esta substância também formada por Oxigênio.

Em todos os animais, nas mitocôndrias, presentes no citoplasma, enzimas e coenzimas realizam diversas oxidações na molécula de glicose, resultando gás carbônico, água e moléculas energéticas de Adenosina Trifosfato (ATP). Trata-se de um processo muito complexo. No que tange aos vegetais, estes fazem a liberação de Oxigênio no processo conhecido como fotossíntese. As moléculas de clorofila rompem as moléculas de água e de dióxido de carbono, liberando O_2 e hidrogênio. Em outros termos, seja em animais ou vegetais, o elemento Oxigênio nos mantém vivos, entrando e saindo das nossas vidas.

A respiração humana, graças ao Oxigênio, tem sido a responsável pelo processo evolutivo da nossa espécie, que vem nos possibilitando o desenvolvimento físico e fisiológico. Respirar bem é qualidade de vida! Mas, como é algo tão elementar nunca pensamos cotidianamente sobre esse processo. Respiramos e pronto! Salvo, quando nos falta o ar.

Desde 2020 temos vivenciado situações dramáticas em relação à Pandemia de Covid-19 e em decorrência à falta de Oxigênio, seja na dificuldade física dos pulmões em respirar por complicações da própria doença ou, ainda, pela falta de cilindros de Oxigênio nos hospitais. Para além questões políticas envolvidas, alguns pontos nos fazem refletir sobre o contexto científico que envolve este drama: como o Oxigênio vai parar dentro do cilindro? Que tipo de Oxigênio é utilizado nos hospitais?

O Oxigênio utilizado na área medicinal passa por um processo por meio de um maquinário, geralmente presente nos hospitais, que separa o Oxigênio (captado e armazenado em um reservatório) do restante dos componentes do ar atmosférico, liberando-o diretamente nas tubulações que chegam até aos pacientes. O processo ocorre por meio de compressores, geralmente com um pistão que sobre e desce dentro de uma cavidade, fazendo com que ocorra a compressão do ar - a diminuição interna relativa à pressão atmosférica -, seguido da passagem por filtros e um secador, que juntos eliminam as bactérias, os poluentes e os vapores de água, restando apenas Oxigênio e Nitrogênio. Na última etapa, por meio de um concentrador e utilizando um mineral conhecido como Zeólita, o Nitrogênio é retido, deixando apenas o Oxigênio.

A Zeólita tão importante na separação do Oxigênio e Nitrogêno é um mineral de formação vulcânica, que se origina da mistura das cinzas vulcânicas com a água do mar, inclusive muito utilizada como remédio há muitos anos na Ásia. A fórmula geral da composição da Zeólita é $M_{x/n}$ $[(AlO_2)_x(SiO_2)_y]$ e podemos observar em sua composição, a presença do elemento químico Oxigênio, para que possamos entender definitivamente que esse elemento nos cerca por todos os lados.

Ao armazenar o Oxigênio em cilindros de alta pressão, oriundo desse processo, devemos seguir as recomendações de segurança, dentre elas o afastamento do calor e de contato com substâncias inflamáveis. Esses cuidados são importantes embora o Oxigênio, por incrível que pareça, não seja um gás inflamável, mas o seu poder de oxidação aumenta a combustão. Aliás, o Oxigênio é componente fundamental para a combustão. Novamente, ele está presente e é um grande influenciador químico.

Podemos dizer, portanto, que estamos a tratar de um elemento contraditório? Talvez sim, pois vejamos o caso dos seus isótopos, que são três: Oxigênio 16, Oxigênio 17 e Oxigênio 18. Suas ocorrências no meio ambiente são de, respectivamente, 99,75%, 0,37% e 0,20%. Na estratosfera, o Oxigênio pode se ligar a outros dois átomos em consequência da radiação ultravioleta emitida pelo Sol, formando o importante ozônio (O_3). Nesse processo de formação do ozônio ocorre absorção de radiação, mas no processo em que o ozônio se transforma em O_2 (reação inversa) há pouco desprendimento de energia térmica.

O Ozônio apesar de ser uma fina camada do gás, protege a Terra da radiação ultravioleta, sendo, portanto, de muita importância para todos nós. Ainda bem que ele existe, senão estaríamos fritos. Mas, em nível do solo, ele é tóxico, oxidante e corrosivo sobre as mucosas e o sistema respiratório. Mas, na água, o Ozônio pode ajudar a purificá-la.

Contraditório ou não, prefiro afirmar que o Oxigênio é sempre surpreendente e à medida que o conhecemos ficamos mais instigados com suas potencialidades e utilidades. Mesmo sendo um dos elementos químicos mais conhecidos pelas pessoas no geral, o Oxigênio sempre está a nos ensinar algo novo.

Oxigênio: um antigo conhecido

Considerado um dos elementos mais abundantes na Terra, o Oxigênio, está presente em inúmeras explicações para fenômenos químicos e físicos que observamos em nosso cotidiano. Muitas são as perguntas que somente serão respondidas se perpassarmos por este tão importante elemento químico. Sem o Oxigênio não conseguimos explicar, por exemplo: por que a maçã escurece quando cortada? Por que o vaga-lume emite luz? Com a atmosfera se formou? Como os peixes respiram? Por que a chama do gás de cozinha tem cor azul? Por que o céu é azul?

É sabidamente elucidado que o Oxigênio tem grande importância e o seu nome significa 'formador de ácidos' em grego (oxys – ácido, e genes – que forma ácido) e, embora seja bastante reativo e um elemento muito abundante em nossa atmosfera, deve ser continuamente produzido. A fotossíntese é o processo mais eficiente para sua geração e, apesar de sempre pensarmos nas árvores como as principais produtoras, estima-se que cerca de 70% de sua produção provém das algas verdes e das cianobactérias. Mas seriam esses organismos vivos os responsáveis pela quantidade de oxigênio estável na atmosfera? Apesar da sua importância eles são produtores e não criadores, retirando o O_2 de moléculas de dióxido de carbono, o popular gás carbônico (CO_2). De fato, são as estrelas quem realmente criam o oxigênio – com massa de pelo menos cinco vezes a massa do nosso Sol (aproximadamente $1{,}0 \times 10^{31}$ kg)! Essas estrelas queimam Carbono e Hélio para gerar Oxigênio e outros elementos mais pesados. A atividade de organismos vivos é a principal fonte de renovação da quantidade de oxigênio na atmosfera (21%), sem esses seres, haveria pouquíssimo Oxigênio disponível. Então, viva os organismos que renovam nosso respirar.

O Oxigênio é o terceiro elemento mais abundante no Sol, participando do ciclo Carbono-Nitrogênio. E, sabe aquelas cores vermelha e verde-amarela da deslumbrante Aurora Boreal? Pois é, ocorrem devido ao Oxigênio. Esse elemento está presente 21% em volume do ar atmosférico, 49,2% da crosta terrestre, 2/3 do corpo humano e 8/9 da água (VAITSMAN, AFONSO e DUTRA 2001).

A pergunta que poderíamos fazer é como esse elemento importante foi descoberto e por quem? Se fosse qualquer outro elemento da tabela periódica talvez a resposta fosse mais simples, mas no caso do Oxigênio isto não se aplica.

Um elemento tão importante quanto o Oxigênio, não poderia ter uma história muito simples. Os créditos pela sua descoberta é um exemplo disso. Sabemos que Joseph Priestly no ano de 1774 é teoricamente o autor da proeza pela data de publicação, mas sua descoberta foi disputada com ninguém menos que Lavoisier, que leva o crédito até hoje em muitos livros de Química e Biologia. Todavia, foi Carl Wilhelm Scheele que o descobriu em 1772. Nesse fato histórico fica nítida a questão da temporalidade de publicação dos feitos científicos, da não neutralidade da ciência, das disputas internas, das questões éticas, dentre outros aspectos, que a história do Oxigênio nos permite compreender sobre a ciência.

O mais estranho dessa complexa história da descoberta do Oxigênio é que no meio disso tudo existia uma inimizade entre Lavoisier e Priestly. Portadores de características pessoais adversas, seria Lavoisier alguém cientificamente sem muita consideração com os demais cientistas e a Priestly era atribuída uma certa intransigência. Definitivamente, essas são características não adequadas ao mundo acadêmico, mas que elas existem, existem!

A história da ciência nos ajuda a entender a dinâmica interna da ciência e na história da Química não é diferente. Ela carrega em si sua própria epistemologia, que se reflete em sua linguagem, na sua forma de investigação e tratamento dos fenômenos, bem como nas relações interpessoais dos cientistas na condução dos trabalhos e da divulgação dos seus feitos acadêmicos.

Muitos cientistas da Química dedicaram e dedicam anos de suas vidas na própria formação e em suas investigações em determinadas áreas e o reconhecimento dos pares é algo importante. Contudo, há disputas por territórios acadêmicos (espaços, publicações, financiamentos, prestígios etc.) e visibilidade, que por vezes ofuscam o objetivo fundamental do cientista e criam histórias até mesmo de algumas imposturas intelectuais, com é o caso da história da descoberta do Oxigênio.

Aqui não se quer transformar um ou outro pretenso descobridor do elemento Oxigênio em herói ou vilão. A ideia não é contar algo que reduz a história do Oxigênio em um relato mítico, mas narrar um pouco alguns breves episódios para que possamos fazer uma análise crítica da origem do Oxigênio, obviamente delimitado por contextos econômicos, políticos e sociais.

O primeiro a descobrir o Oxigênio foi o químico sueco Carl Wilhelm Scheele, quando estudava as propriedades do dióxido de manganês e vários outros compostos químicos, ele desenvolveu ainda em 1772 o conceito de "ar de fogo". Ele chegou à conclusão de que a atmosfera era composta por apenas dois gases, a saber: Nitrogênio e Oxigênio. O primeiro ele se referia como "ar viciado" que impedia a combustão e, o outro, "ar de fogo", que permitia a combustão. Desde que fez esta descoberta até a sua publicação (1977) lá se foram cinco anos e dois anos de atraso em relação às publicações de Priestley em relação à descoberta do Oxigênio.

Carl Wilhelm Scheele nasceu na Suécia e era um químico farmacêutico que nunca quis estar na universidade e que trabalhava como tantos outros cientistas da época em condições precárias e muito perigosas no tange ao manuseio de substâncias. Teria a sua vida sido encurtada justamente por uma de suas descobertas, o ácido cianídrico (HCN). Há outras explicações para a sua morte que apontam como culpado também o envenenamento por mercúrio. O fato é que durante sua vida, Scheele descobriu vários elementos químicos importantes, tais como o Cloro, o Manganês, Tungstênio, Bário, bem como substâncias e processos fundamentais para a ciência Química. Contudo, parece que as publicações de suas descobertas eram deixadas para depois, o que no contexto científico não é uma boa ideia.

E onde entra Priestley nesta história? Diria que ele não entra, mas já estava na história, mas em contextos diferentes, geográficos e de melhores condições financeiras e de poder. Joseph Priestley era um teólogo rico, filósofo, educador e político britânico, com uma produção expressiva de obras. Ele fez algumas descobertas importantes para ciência, dentre elas a do "ar deflogisticado", que de fato era o Oxigênio. Ademais, ele também tinha escritos sobre a eletricidade e vários outros assuntos e era de fato um pregador religioso, afinal a sua ciência sempre esteve associada à sua teologia. O que podemos questionar é se os preceitos religiosos ajudaram em sua postura científica diante do reconhecimento do descobridor do Oxigênio, já que era considerado um religioso controverso.

Diferentemente de Scheele, Priestley não dedicou tantos anos às descobertas científicas, mas certamente seus estudos foram focados e certeiros porque ajudou no desenrolar da descoberta de um dos mais importantes elementos químicos. Precisamente em agosto de 1774, depois de dois anos que Scheele já teria descoberto o Oxigênio, Priestley isolou um "ar" que para ele seria completamente "novo", mas sem tempo para prosseguir nas investigações, eis que viajou para a França e reproduziu por lá a experiência para outros cientistas, incluindo quem? Ele mesmo, Antoine Laurent Lavoisier, um famoso químico francês, que passa a integrar a nossa história da descoberta do Oxigênio.

Priestley retorna à Inglaterra e aos seus experimentos com esse novo "ar" encontrado, o que culminou na descoberta do que ele chamou de "ar vitrólico ácido", que de fato era o dióxido de enxofre (SO_2). Ele escreveu cartas sobre o descobrimento do "novo ar", que inclusive foram lidas na *Royal Society*, importante academia de ciência à época, bem como publicado em revista científica. Nestes textos ele chama a descoberta de "ar deflogisticado", inclusive tendo sido testado em ratos e em si próprio, considerado por ele um ar muito melhor para a respiração do que o ar atmosférico normal.

Para complicar um pouco o contexto desta história do Oxigênio, surge Lavoisier. Com todo o *glamour,* ele renomeou o tal *"novo ar" como* Oxigênio, em 1778. Acontece que Priestley fez muitas publicações, mas não conseguiu argumentar a descoberta do "novo ar", deixando para volumes posteriores de obras e preferindo mostrar a importância da descoberta para a religião racional. Ademais suas narrativas eram por vezes confusas o que gerou uma certa indeterminação sobre a data que ele teria descoberto o Oxigênio.

Não precisamos dizer que a discussão acadêmica sobre o mérito da descoberta do Oxigênio tinha sido criada, pois a determinação desta data seria importante, uma vez que Lavoisier e Scheele já reivindicavam para eles essa tão importante descoberta científica.

Vejamos o resumo da confusão dessa história científica: Scheele foi o primeiro a isolar o gás, mas Priestley publicou primeiro. Lavoisier foi o primeiro a descrevê-la como um "ar próprio, sem alteração" purificado, em outros termos, o primeiro a explicar o Oxigênio sem a teoria do flogisto, mas fez isto depois de Priestley e Scheele. E, Priestley já tratava de "ar desflogisticado" antes de Lavoisier, mas Scheele apesar de ser o primeiro, não deu o nome ao Oxigênio e nem publicou antes. Então, responda você: quem realmente merece o título de descobridor do Oxigênio? Já imaginou se esses três cientistas que viveram na mesma época, mas em condições e países diferentes tivessem trabalhado em uma parceria científica internacional? Certamente, neste momento estaríamos dizendo a você leitor que o projeto deles resultou na descoberta do Oxigênio. Podemos compreender a situação dessa forma, atribuindo a eles o mérito, afinal um elemento químico vital para vida não poderia ter somente um descobridor.

Segundo Peixoto (1998), como se não bastasse a enigmática história do elemento químico Oxigênio, encontramos ainda no mundo ocidental, a história de Leonardo da Vinci, artista e cientista famoso, que teria descrito claramente a relação existente entre a combustão e a respiração, concluindo que onde uma chama não vive nenhum animal que respira pode viver.

O fato é que essa questão da história da descoberta do Oxigênio é tão instigadora e nos ensina sobre o fazer ciências e permite análises sobre as muitas circunstâncias do trabalho do cientista. Até mesmo uma peça teatral foi montada para que a discussão pudesse ser reproduzida e melhor estudada, escrita por Carl Djerassi e Roald Hoffmann.

A peça tem como tema a questão da prioridade da descoberta científica e da ética na ciência. Trata-se de uma ficção que mistura protagonistas históricos reais com personagens fictícios modernos. No ano de 2001, o Comitê Nobel de Química reúne-se em Estocolmo para decidir a respeito da concessão de um Prêmio Nobel retroativo, em comemoração do centenário do Prêmio Nobel. Após debates, decide-se que o prêmio será dado ao descobridor do elemento químico Oxigênio. O problema é que há três candidatos, Lavoisier, Scheele e Priestley. E, como se não bastasse, no meio dessa história encontram-se também as esposas desses candidatos ao prêmio, o que deixa a história ainda mais instigante.

Oxigênio para envelhecer e embelezar

Já dizia o alquimista Paracelsos que a determinação de um veneno se dá pela sua dose. Isso quer dizer que o tão importante e vital Oxigênio pode se tornar venenoso? Isso mesmo! Considerando que ele é um agente oxidante e que quando há muito oxigênio, o corpo começa a reagir com esse excesso e liberar o seu ânion que é reativo, este pode se ligar ao ferro do sangue e os radicais produzidos podem danificar os lipídios existentes nas membranas celulares. Para evitar este processo o corpo humano muito espertamente mantém uma quantidade de antioxidantes. Mas, então podemos dizer que o Oxigênio pode ser o responsável pelo nosso envelhecimento?

O envelhecimento humano é estudado por muitos pesquisadores de várias áreas do conhecimento e, para explicá-lo, existem diferentes definições, bem como múltiplos fatores. Envelhecer é considerado um processo biológico, social e psicológico que inevitavelmente atinge todos nós, ressignificando a nossa relação com o tempo e podemos aqui dizer também com o elemento químico Oxigênio.

São muitos os caminhos científicos que tentam explicar como uma pessoa envelhece, tais como: Teoria do Envelhecimento Celular, Teoria do Telômeros (finitude celular), Teoria das Mutações Somáticas etc. Enfim, são muitos os conhecimentos para explicar o porquê as pessoas perdem a sua juventude e a vitalidade da pele. Dentre elas, podemos destacar a Teoria do *Stress* Oxidativo. Nesta teoria, a explicação para o envelhecimento humano está conectada à ideia dos radicais livres, consistindo basicamente em um desequilíbrio entre oxidantes e antioxidantes.

O fenômeno envelhecimento, de acordo com Harman (1956), resulta da acumulação de lesões moleculares provocadas por reações dos radicais livres nas células. Radicais livres são formados por átomo ou uma molécula altamente reativa, que contém número ímpar de elétrons na sua última camada eletrônica. Esse não emparelhamento de elétrons na última camada eletrônica confere alta reatividade a esses átomos e moléculas. Em outros termos, podemos dizer que radicais livres são liberados pelo metabolismo do corpo com elétrons altamente instáveis e reativos que, em consequência pode causar o envelhecimento e morte das células.

Segundo Chang (1994), o que se passa é que ocorre uma reação química de um radical livre com uma outra molécula produzindo um radical livre diferente, que pode ser mais ou menos reativo do que a espécie original. O problema é que este processo reativo tende a se repetir continuamente, parando tão somente quando a extremidade do radical que contém o elétron desemparelhado forma uma ligação covalente com o elétron desemparelhado de outro radical.

Mas, existem radicais livres em abundância na natureza, então que culpa tem o Oxigênio nesta história? Acontece que os radicais livres do Oxigênio tal como o superóxido (O_2^-) que é derivado do Oxigênio molecular (O_2) possuem elevada toxicidade biológica. Considerando que o processo de oxidação implica em perdas de elétrons, quando no metabolismo normal ocorrer uma redução de Oxigênio molecular, este ganhará elétrons, formando o radical livre.

A triste informação é que com os passar dos anos temos o aumento desses radicais livres e eles passam a agir mais intensamente. Em outros termos, vamos envelhecendo cada vez mais rápido. E a culpa é de quem? Do Oxigênio! Todavia, para inibir a produção desses radicais livres o organismo tende a reagir produzindo enzimas, mas esse processo vai também diminuindo com o passar dos anos. E o que nos resta? Bem, alimentos que contenham componentes com propriedades antioxidantes, tais como o betacaroteno, vitaminas C e E, Selênio etc., que podem ajudar muito, mas outros cuidados também podem ser considerados importantes. E quais seriam? O que podemos usar para conter o Oxigênio e sua gana por nos envelhecer?

Os avanços científicos têm permitido o atendimento das nossas necessidades relacionadas à alimentação, o que comprovadamente pode ajudar a conter o processo de envelhecimento. Existem para isto muitas teorias e indicações científicas. O fato é que assim como os alquimistas que procuravam o elixir da longa vida, nós em tempos contemporâneos também buscamos essa fórmula que possa melhorar a nossa aparência física e nos manter vivos por mais tempo. E, para além alimentação, existem um mundo à parte a qual a Química é a grande responsável: o desenvolvimento dos cosméticos!

Os cosméticos são formulações usadas para melhor a nossa aparência ou tentar retardar nosso envelhecimento. Por esse motivo, nem precisamos dizer que se trata de uma indústria próspera no Brasil e em todo o mundo. Nos últimos anos intensificaram a elaboração de produtos que atuam causando modificações consideráveis e resultados positivos na saúde da pele, tais como elastina, cafeína, colágeno, retinóis, estrógenos etc.

Para preparar os cosméticos são necessárias matérias-primas que podem ser classificadas como *excipientes* (para conferir consistência ao produto) e *princípios ativos* (substâncias que efetivamente atuam e promovem o resultado). Além desses, ainda temos as essências e pigmentos. Mas, do que são compostos os excipientes e princípios ativos?

Alguns excipientes são usados como abrasivo ou cargas minerais para produção de loções e cremes para *peeling* facial. Por exemplo, são compostos de Caulim (fórmula química dos minerais da caulinita: $Al_2O_3.mSiO_2.mH_2O$), sílica (SiO_2), dióxido de titânio (TiO_2) etc. Já em cremes antienvelhecimento, protetores solares podemos encontrar beta-carotenos ($C_{40}OH_{56}$), propilgalatos (3,4,5-trihidroxibenzoato de propila, que é um éster formado pela condensação de ácido gálico e propanol – $C_{10}H_{12}O_5$, um antioxidante) etc. Em tintas para cabelo, cremes faciais são utilizados surfactantes, tensoativos e emulsificantes como álcool oleico ($C_{18}H_{34}O_2$), álcool etílico (C_2H_5OH), sorbitan (Hexano-1,2,3, 4,5,6-hexol – $C_6H_{14}O_6$) etc.

Para controlar o pH dos cosméticos à base de água, que é importante para preservação do produto, a indústria utiliza vários excipientes como carbonato de sódio (Na_2CO_3), ácido cítrico ($C_6H_8O_7$), ácido ascórbico ($C_6H_8O_6$), ácido lático ($C_3H_6O_3$), borato de sódio ($Na_2[B_4O_5(OH)_4].8H_2O$) etc. Importante ressaltar que o controle do pH do cosmético limita a proliferação de muitos micro-organismos e, por consequência, a contaminação. Para tanto, são adicionados de forma controlada ácidos fracos, geralmente ácidos orgânicos como o cítrico e o ascórbico.

No caso dos princípios ativos dos produtos cosméticos alguns são utilizados como agentes bloqueadores de raios ultravioletas, como nos cremes antienvelhecimento, protetores solares e, também, nas tinturas para cabelos, são eles: Benzofenonas (cetona aromática, $C_{13}H_{10}O$), hidroquinonas ($C_6H_6O_2$), tocoferóis (Vitamina E, $C_{29}H_{50}O_2$), melaninas ($C_3H_6N_6$), óxido de titânio (TiO_2), óxido de zinco (ZnO), retinol (vitamina A, $C_{20}H_{30}O$).

Existem ainda os princípios ativos anti-acne, como o Peróxido de benzoíla ($C_{14}H_{10}O_4$), taninos (polifenóis de origem vegetal, usado como anti-séptico, antioxidante, adstringente etc.), muito comuns em loções e cremes para cuidados com a pele.

Os corantes e pigmentos são usados em todos os cosméticos que necessitem de coloração. São comuns compostos como Dióxido de Titânio e Óxido de Zinco (branco) (ZnO), Índigo (azul) ($C_{16}H_{10}N_2O_2$), Clorofila (verde) ($C_{55}H_{72}O_5N_4Mg$), Carmim (vermelho) ($C_{22}H_{20}O_{13}$), Euxantina (amarelo), Açafrão (Curcumina, laranja) ($C_{21}H_{20}O_6$). No caso das essências e aromas são usados os óleos essenciais extraídos de diversas flores, frutos, folhas e cascas de árvores, álcoois (benzílico), terpenos, cetonas, acetatos e aldeídos.

Todos os componentes dos cosméticos utilizados para retardar nosso envelhecimento, para tingir nossos cabelos, proteger dos raios ultravioletas, melhorar o aspecto da pele, combater a acne, perfumar, eliminar odores, maquiar, dentre outras possibilidades de embelezamento, podemos observar algo em comum: praticamente todos possuem em seus componentes substâncias com a presença do Oxigênio. Isso mesmo, o mesmo elemento químico que pode te envelhecer por um processo de *stress* oxidativo, pode também te tornar mais belo e prevenir suas rugas, ajudando a retardar o efeito do tempo, por um processo antioxidativo.

Ao examinar as fórmulas químicas dos produtos cosméticos, podemos observar a presença marcante do elemento químico Oxigênio nas substâncias, com uma variação substancial de outros elementos químicos. Então, quando te perguntarem sobre o que pode nos envelhecer e, também, o que ajuda a rejuvenescer, você pode oferecer uma única resposta: o Oxigênio!

Referências

CHANG, R. *Química*. Lisboa: Mcgraw-Hill, 1994.

DJERASSI, C.; HOFFMANN, R. *Oxigênio*. Vieira & Lent, 2004.

HARMAN, D. *Aging: a theory based on the free radical and radiation chemistry*. J. Gerontol, 1956.

PEIXOTO, E. M. A. Oxigênio. *Química Nova na Escola*, n.7, 1998.

VAITSMAN, D. S.; AFONSO, J. C.; DUTRA, P. B. *Para que servem os elementos químicos*. Rio de Janeiro: Interciência, 2001.

ELEMENTAR, MEU CARO...

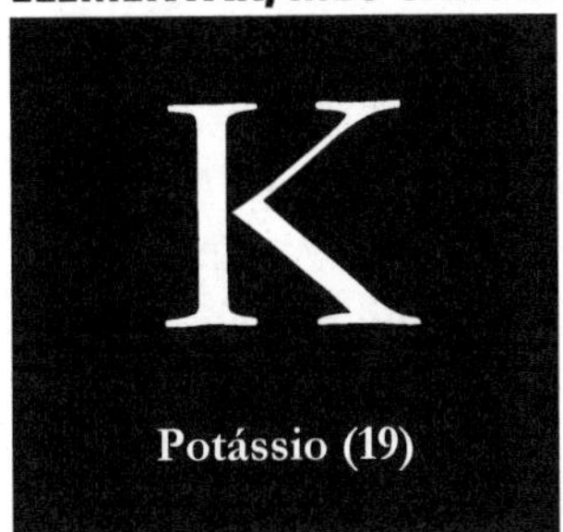

O QUE NINGUÉM NOS CONTOU SOBRE O POTÁSSIO

Gabelyka Aghta Pantano Souza

Como ocorre com os livros didáticos ou com as brincadeiras de rua, a tabela periódica dos elementos químicos possui uma representação imaginária, fixa na nossa memória. A maioria de nós tem lembranças de uma grande tabela colorida, fixada na parede da sala de aula. Mesmo que o contato com o laboratório de ciências fosse limitado, a tabela periódica era de conhecimento de todos. Ela é, provavelmente, um dos principais instrumentos da química com os quais todos tivemos contato ou ainda temos.

A classificação periódica dos elementos é, com certeza, a melhor invenção e organização científica. Com o desenvolvimento científico das últimas décadas, a tabela periódica passou a servir como um instrumento didático em que a organização e a classificação dos elementos químicos são importantes para o ensino da Química. É na tabela periódica que "[...] estão o horizonte escalonado e os quadrados ordenados, um para cada elemento. Cada quadrado contém o símbolo e o número atômico do elemento naquela posição" (ALDERSEY-WILLIAMS, 2013, p. 13).

Segundo Kean (2011, p. 15), a tabela periódica, para muitos, "[...] era uma confusão de números grandes, siglas e o que parecia para todo mundo mensagens de erro de um computador ($[Xe]6s^2 4f^1 5d^1$), e era difícil não se sentir um pouco angustiado", diante de tantas informações. Apesar de ser um dos poucos instrumentos de consulta nos momentos de prova, pouco servia se não soubéssemos utilizá-la. Sua organização contém dezoito colunas irregulares e sete linhas horizontais, com duas linhas extras debaixo de tudo.

A tabela periódica é ensinada de diferentes maneiras na escola, alguns precisam decorá-la por completo, outros atribuem a ela a função de agregar "os ingredientes universais e fundamentais de toda a matéria". Dessa forma, acreditamos que não há nada que não seja constituído por esses ingredientes (ALDERSEY-WILLIAMS, 2013, p. 14).

De fato, a tabela periódica, construída por Mendeleev há mais de 150 anos, é um ícone da nossa civilização; mesmo que tenha sofrido vários ajustes, suas versões seguem o mesmo padrão inicial do autor (LEITE, 2019). E, assim, a tabela periódica dos elementos químicos aglutina mais do que cifras, imagens e informações a respeito dos elementos, apresenta substâncias reais, encontradas no cotidiano, que, geralmente, estão quimicamente contidas em minerais e minérios.

Cada elemento leva consigo uma cultura, uma representação que lhe é atribuída e esta pode, e deve, ser identificada no cotidiano. Como exemplo, podemos trazer o Potássio, que, apesar de parecer pouco lembrado quando falamos dos elementos da tabela periódica, muito se destaca nas aplicações cotidianas.

Potássio e suas aplicações

O Potássio está lá, logo abaixo do Sódio, antes do Cálcio e acima do Rubídio. Seu símbolo, K, é representado por uma letra que, na tradução do português, nem aparece no seu nome. Há quem diz que o nome Potássio vem da palavra em latim *Kalium*, outros acreditam que não, que o termo é de origem grega, contudo o que importa mesmo, é que trata-se de um metal alcalino, alocado na família 1A da tabela periódica, dentre suas principais características, apresenta-se mole, esbranquiçado e com um brilho metálico prateado.

A história nos conta que o químico inglês Humphry Davy (Figura 1), no ano de 1807, com uma bateria voltaica, decompôs o hidróxido de potássio, KOH, transformando o Potássio no primeiro metal isolado por eletrólise, alguns autores dizem que Davy dançou maravilhado pela sala diante das chamas do Potássio, ao final do seu experimento. Humphry Davy era apaixonado pela ciência e pela arte, chegando a escrever poemas que retratavam suas fantásticas descobertas, para ele o estudo da Ciência envolvia mais que a natureza, envolviam também o amor, o belo e o sublime.

Figura 1 – Humphry Davy (1778-1829)

Fonte: Peixoto (2004, p. 1)

Dentre as características químicas do Potássio, destacam-se seu número atômico Z = 19; sua massa atômica M = 39,098 u; seu ponto de fusão Tf = 63,38 °C e seu ponto de ebulição Te = 758,8 °C. Como um metal, o Potássio é bom condutor de calor e eletricidade. A chama dos sais de potássio tem uma coloração violeta e, além disso, é o sétimo elemento mais abundante na terra. Porém, semelhante a outros elementos da tabela periódica, o Potássio não é facilmente encontrado puro, sua maior parte está disponível como minerais, quase sempre insolúveis em água.

Durante a 1º Guerra Mundial, a Alemanha detinha o monopólio do cloreto de potássio, KCl, isso porque, em Stassfurt, há depósitos ricos em sulfetos e cloreto de potássio, KCl. Consequentemente, o país também tinha uma alta produção de hidróxido de potássio, KOH.

Atualmente, essa realidade é bem diferente. Peixoto (2004, p. 1), ao falar sobre o Potássio, indica que países como "França, Áustria, Espanha, Índia, Chile, Canada, Estados Unidos, Rússia e inclusive o Brasil", dentre outros, têm se destacado na produção de diferentes sais de potássio.

Diferentes são os contextos e as possibilidades de aplicação do Potássio no cotidiano, começamos pela saúde, campo de conhecimento no qual esse elemento muito se destaca. Uma curiosidade é que, devido ao seu nome, Kalium, distúrbios que envolvem o Potássio no corpo humano possuem, na composição de seus nomes, o termo "cal". Por exemplo, a hipocalemia, que indica níveis muito baixos de potássio no sangue; e a hipercalemia, que indica níveis muito altos (LEWIS, 2020).

Se observarmos a composição química do corpo humano, por exemplo, perceberemos que ele é formado por diferentes elementos (CHACON; ROBAINA, 2014), como representado na Figura 2.

Figura 2 – A fórmula química do corpo humano

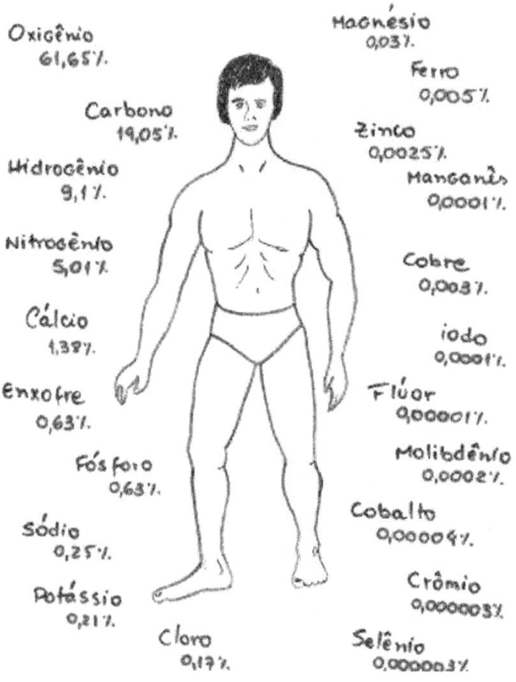

Fonte: Chacon; Robaina (2014, p. 147)

Como vimos na Figura 2, o Potássio é um desses elementos. Um de seus sais, o cloreto de potássio, KCl, é muito usado na alimentação de pessoas hipertensas, principalmente para substituir parcialmente o sal de mesa que utilizamos, pois quase todo o Potássio encontrado no corpo humano está localizado dentro das células. O íon de potássio, K^+, por sua vez, destaca-se no corpo humano, pois age em associação com íons de outros elementos químicos, "nas membranas celulares, na transmissão de impulsos eletroquímicos dos nervos e fibras musculares e no balanceamento da atividade alimentar" (SILVA; PEREIRA NOLETO NETA, 2013, p. 1).

Por outro lado, a ausência de íons desse elemento poderá resultar em sintomas relacionados à fraqueza muscular, como letargia e batimentos cardíacos irregulares, o que pode culminar em problemas mais sérios, inclusive, depressão. Por esse motivo, uma alimentação saudável, que é rica também em Potássio, deve contemplar a ingestão de sementes e grãos, carnes, frutas e verduras; estas últimas, cruas, já que são retiradas do solo, o que favorece a ingestão de Potássio.

E a banana? Quem nunca ouviu a mãe dizer que comer banana é bom porque tem Potássio? E isso é uma grande verdade, a banana é a fruta que mais se destaca ao falarmos do Potássio e isso se deve ao seu alto valor alimentício. Devido à grande quantidade de Potássio encontrada nas mais de 30 versões brasileiras de banana, essa fruta tropical é uma das frutas mais consumidas por atletas, pois ajuda, principalmente, na recuperação muscular. Isso porque o Potássio é necessário para o funcionamento adequado das nossas células, nervos e músculos.

Outro campo de aplicação é a agropecuária, ao falarmos de solo, não podemos deixar de mencionar que o Potássio é o segundo elemento encontrado em maior quantidade no cultivo da maioria das plantas. Com o desenvolvimento humano e o crescimento da população, o rendimento da produção agrícola em todo o mundo cresceu nos últimos anos e, para que produtos de boa qualidade sejam produzidos, quantidades balanceadas e suficientes de nutrientes são necessárias.

O Brasil é um país grande e isso se reflete na diferença de solos conforme a região e seu respectivo clima. A situação mais recorrente é a insuficiência de nutrientes, dessa forma, um tratamento é aplicado ao solo, de maneira que sua produção de Potássio, K, seja complementada com a adição de fertilizantes. Destes, cerca de 90% são relativos à produção de cloreto de potássio, KCl, e nitrato de potássio, KNO_3.

Apesar de não parecer, o Potássio é um elemento essencial para as atividades da vida humana, seja nas reações bioquímicas do corpo humano ou no tratamento do solo a fim de garantir uma fertilização adequada para a plantação. Para além disso, possui outras aplicações, como, por exemplo, a retirada do gás carbônico e água do ar em determinados ambientes, liberando oxigênio no espaço, como é feito nos submarinos. Isso mesmo que você leu: nos submarinos!

Em ambientes fechados, como o de submarinos e aeronaves, é necessário eliminar o gás carbônico produzido pela respiração e restaurar, no espaço, o gás oxigênio. Para que isso seja feito, um dos procedimentos é reagir o gás carbônico, CO_2, com o peróxido de potássio,

$K_2O_{2(s)}$. Os produtos da reação são o carbonato de potássio, $K_2CO_{3(s)}$ e o gás oxigênio, O_2, conforme a reação:

$$2K_2O_{2(s)} + 2CO_{2(g)} \longrightarrow 2K_2CO_{3(s)} + O_{2(g)}$$

O Potássio nem sempre é um dos elementos químicos da tabela periódica prontamente lembrado e, consequentemente, não é um dos elementos destaque em pesquisas, filmes, histórias e livros. Contudo, ele é um mineral fundamental para o funcionamento adequado de células, tecidos e órgãos do corpo humano; é, portanto, essencial para a manutenção da vida.

Apesar de possuir um valor comercial pequeno, o campo de aplicação do Potássio vai além da área da saúde, os nitratos, sulfatos e carbonatos e outros diferentes sais de Potássio são essenciais, seja na fabricação de fertilizantes, na indústria alimentícia, na curtição do couro, na determinação da idade de rochas, na relação com outros elementos químicos da tabela periódica ou em outras áreas de aplicação (PEIXOTO, 2004).

O Potássio possui diversas aplicações que vão desde aquelas de uso social e comercial, destinados a manutenção da industrial e agricultura, bem como, aplicações que garantem a manutenção da vida, uma vez que, a presença do Potássio no organismo humano contribui com as sinapses, por exemplo.

Referências

ALDERSEY-WILLIAMS, H. *Histórias Periódicas – a curiosa vida dos elementos*. Tradução de Maria Cristina Torquilho Cavalcanti - 1º. Ed. – Rio de Janeiro: Record, 2013.

CHACON, E. P.; ROBAINA, N. F. "O Corpo Humano e a Tabela Periódica": A percepção dos usuários sobre um jogo computacional. *Revista ARETÉ*. v. 7; n. 13; p. 145-160, 2014.

LEITE, B. S. O Ano Internacional da Tabela Periódica e o Ensino de Química: Das Cartas ao Digital. *Química Nova*, v. 42, n. 6, p. 702-710, 2019.

LEWIS, J. L. Visão Geral dos Distúrbios da Concentração de Potássio. *Manual MSD – Versão para Profissionais de Saúde*, 2021.

PEIXOTO, E. M. A. Potássio. *Química Nova na Escola*, n. 19, 2004.

SILVA, W. G.; NOLETO NETA, A. Potássio: Benefícios e Danos Causados no Organismo. *Anais do 53º CBQ*, Rio de Janeiro, RJ, outubro, 2013.

ELEMENTAR, MEU CARO...

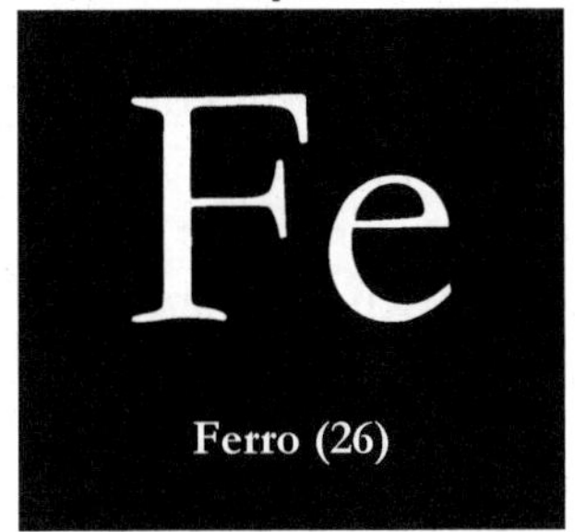

FERRO...DIGA-ME ONDE ANDAS E TE DIREI QUEM ÉS...

Nyuara Araújo da Silva Mesquita

Uma longa viagem por entre as estrelas...

Ferro, *iron*, *hierro*, em qualquer idioma o Ferro tem sempre o reconhecimento de importante elemento para a existência da vida no planeta Terra. Suas características elementares o configuram como maleável, resistente e de fácil conformação. Tais propriedades e sua abundância fazem com que seu uso seja comum e necessário nas mais diversas situações, além de fundamental para o equilíbrio vital dos seres viventes. Mas, antes de estar aqui no Planeta Terra, qual a origem desse importante elemento?

Estudos recentes sobre a origem do Universo evidenciam que muitos dos elementos e compostos químicos que hoje coabitam conosco em nosso pequeno planeta têm sua origem em explosões estrelares de milhões de anos. As primeiras estrelas nasceram por volta de 100 milhões de anos após o fenômeno chamado Big Bang. Explosões violentas causaram a morte dessas estrelas e deram origem a alguns dos elementos químicos que conhecemos hoje, inclusive o Ferro. Mas esse não é um processo simples, pois apenas estrelas com massas equivalentes a, no mínimo, oito massas solares, conseguem fundir o Carbono existente em suas matérias para produzir Oxigênio, Neônio, Silício e Ferro, dentre outros elementos.

Com as explosões das estrelas, os produtos formados vão se espalhando nos espaços interestrelares e vão formando novas estrelas ou dando origem a novos planetas. Dessa forma, os elementos químicos no

Universo teriam sido formados de duas maneiras. Hélio e Hidrogênio foram formados por nucleogênese após o Big Bang e estes elementos serviram para sintetizar outros elementos mais densos no interior das estrelas (nucleossíntese) em explosões e reações termonucleares.

Esses movimentos de explosões e reações impulsionaram o espalhamento de elementos químicos que hoje se configuram como primordiais à existência da vida na Terra. Dentre esses elementos, está o nosso tema de conversa, o Ferro. Já sabemos de onde ele veio. Agora vamos saber como ele é, e quais suas características químicas e físicas que o tornam tão fundamental.

O que é o que é, e como é, que circula no núcleo e também na superfície?

Após a viagem por entre espaços estrelares, o Ferro chegou ao planeta Terra e, dentre os oito elementos químicos mais abundantes na crosta terrestre, ocupa o quarto lugar. A Figura 1 apresenta melhor essa relação em massa dos elementos químicos no planeta Terra.

Figura 1 – Abundância dos elementos químicos na crosta terrestre

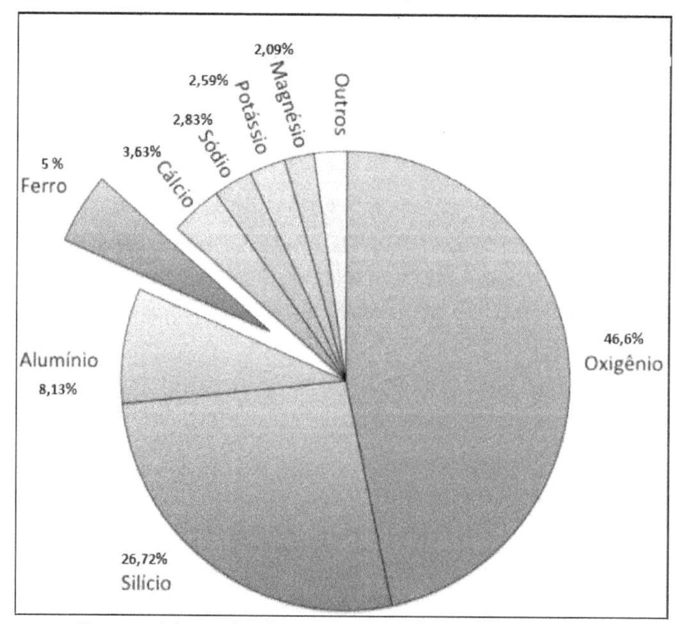

Fonte: Adaptado de Duarte (2019) https://www.scielo.br/j/qn/a/7LP35DWH5m6XKVMckrDtKQc/?lang=pt#

Mas a crosta terrestre é uma das partes do Planeta Terra. Nosso planeta foi formado a partir de três camadas principais: um núcleo central e uma crosta externa separada por um manto. Nesse processo de formação os materiais mais leves foram emergindo para a superfície e os mais densos foram se concentrando na formação do núcleo. Assim, elementos como o Níquel e o Ferro compuseram em grande parte esse núcleo do planeta, sendo o Ferro responsável por 80% dessa composição. Os materiais que emergiram para a superfície, em um processo chamado de diferenciação, formaram a crosta sólida terrestre que se formou empobrecida de ferro, mas rica em oxigênio, silício e alumínio, dentre outros elementos.

Na crosta terrestre o Ferro só é encontrado combinado com outros elementos em minerais como a hematita (Fe_2O_3) e a magnetita (Fe_3O_4), ou seja, na forma de óxidos de ferro.

Figura 2 – Principais minerais de minérios contendo Ferro em sua composição

Magnetita (Fe_3O_4): Com 72,36%Fe é um dos principais minerais de minério, que além do elevado teor apresenta propriedades físicas que facilitam sua prospecção e concentração. A magnetita pode ser convertida por oxidação para **maghemita** (69,9%Fe), podendo também sofrer alteração para **martita** por processos geotermais, intemperismo, metamorfismo e hidrotermalismo.

Hematita (Fe_2O_3): Com 69,94%Fe é mais abundante que a magnetita, compreendendo o principal mineral de minério de depósitos do tipo BIF.

Goethita (FeO(OH)): Com 62,85%Fe ocorre em depósitos sedimentares e gossans em conjunto com a **lepidocrocita** (62%Fe) e constitui produto de alteração intempérica da hematita e magnetita.

Siderita (Fe(CO3)): Com 48,20%Fe e **Ankerita** (26%Fe) são carbonatos que raramente constituem mineral minério devido à comum substituição do Fe por Mg, Mn e Ca.

Outros minerais de Fe que podem ocorrer associados ao minério são: **chamosita** (29%Fe), **greenalita** (ferro-antigorita, 44% Fe), **minnesotaita** (talco 30,48%Fe), **stilpnomelana** (29%Fe) e **grunerita** (39% Fe).

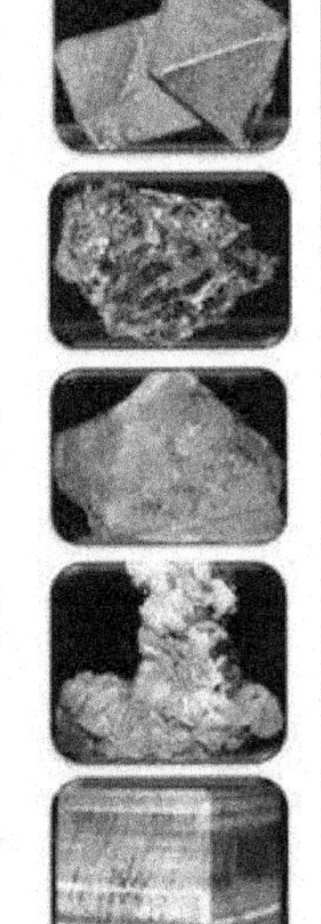

Fonte: Adaptado de Castro, Endo e Gandini (2020)

Há estudos que mostram que alguns meteoritos encontrados na Terra por povos mais antigos eram compostos por Ferro na forma de substância simples, ou seja, não era um mineral, e eram utilizados na confecção de ferramentas, mas o ferro meteórico é raríssimo. De acordo com estudos históricos, a partir de evidências arqueológicas, os primeiros povos a dominar os processos de extração do Ferro de seus minérios foram os hititas, habitantes da Ásia Menor, atual Turquia, nos longínquos 1500 a. C.

Esse processo de purificação é necessário para a produção de diversos materiais que são importantes para a sociedade e que têm o Ferro em sua composição, como utensílios industriais e domésticos, produção de pontes, estruturas de edifícios, ferramentas etc. O Ferro é o metal mais utilizado no mundo, embora esse uso não seja do metal sozinho. Para alguém que se combina tanto e de tantas formas, corre-se o risco de uma perda de identidade. Para que isso não ocorra, em nosso texto, vamos apresentar a identidade química do elemento Ferro, pois para entendermos as combinações, é importante conhecermos as individualidades.

O Ferro está localizado no quarto período da Tabela Periódica em seu grupo 8, tem número atômico 26, número de massa 55,84, conforme a representação da Figura 2. Faz parte dos elementos transição que são também denominados elementos do bloco *d* em função do preenchimento dos orbitais *d*. A distribuição eletrônica do Ferro, conforme o diagrama de Linus Pauling, é apresentada a seguir.

Figura 2 – Distribuição eletrônica para o Ferro no Diagrama de Linus Pauling

K $1s^2$
L $2s^2$ $2p^6$
M $3s^2$ $3p^6$ $3d^6$
N $4s^2$ 4p 4d 4f
O 5s 5p 5d 5f
P 6s 6p 6d
Q 7s

Fonte: Elaboração da autora

Por conta de sua configuração, o Ferro apresenta números de oxidação $^{+}2$ e $^{+}3$ e entre as reações de oxidação do Ferro incluem-se as reações com o Oxigênio que convertem o Fe a Fe^{+2} ou a Fe^{+3}. No processo de enferrujamento do Ferro, por exemplo, participam o Oxigênio e a água formando o Oxido de Ferro (III) hidratado.

Quem anda comigo não anda só: andar com fé eu vou!

O Ferro não é apenas um elemento importante na composição do nosso planeta, mas ele é também vital para o funcionamento do organismo humano, pois o metabolismo das células depende das trocas gasosas que demandam mecanismos de recebimento de Oxigênio (O_2) para oxidação de nutrientes, bem como da remoção do Gás Carbônico (CO_2) que resulta desse processo. Esse transporte do Oxigênio é feito pela hemoglobina presente nas células sanguíneas chamadas hemácias.

A hemoglobina se configura como uma proteína globular encontrada no interior dos eritrócitos é responsável pela coloração vermelha do sangue. A estrutura da hemoglobina tem uma parte proteica, chamada globina e um grupo prostético chamado heme. O Ferro compõe o grupo heme que é formado por quatro anéis pirrólicos (compostos aromáticos com Nitrogênios) ligados entre si por um átomo de Ferro cuja estrutura é representada na Figura 3.

Figura 3 – Fórmula estrutural do grupo heme que compõe a estrutura da hemoglobina

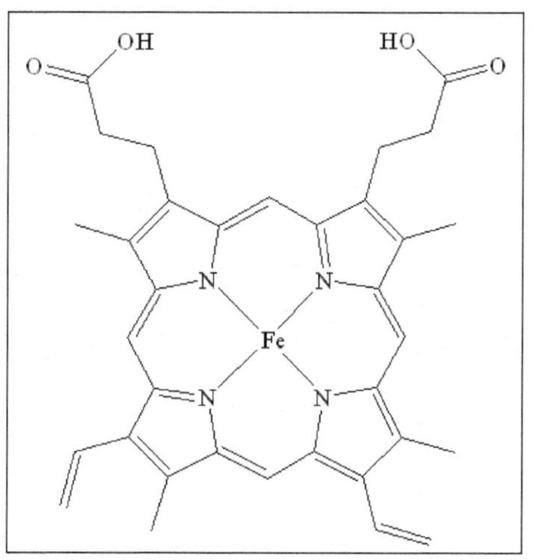

Fonte: Elaboração da autora

Quando, por algum motivo a pessoa desenvolve uma carência de Ferro no organismo, desenvolve uma doença chamada anemia ferropriva. Esta anemia é caracterizada pela diminuição ou ausência das reservas de Ferro, consequentemente, concentração escassa de hemoglobina. A carência de Ferro acarreta fraqueza, cansaço generalizado, falta de apetite, dentre outros sintomas. Importante destacar que alguns tipos de anemia têm como causa a desnutrição e, por isso, a anemia é associada às condições socioeconômicas de populações de baixa renda. Exemplo disso é a personagem de Jeca Tatu de Monteiro Lobato que era um homem do campo, mas sempre cansado, com fraqueza e pele amarelada.

Extração e produção do minério de ferro: caminhos e (des)caminhos

Além de ser importante na formação do Planeta Terra e vital aos organismos vivos, o Ferro tem um papel relevante na construção da economia e, por consequência, na formação e estruturação das sociedades ao longo dos séculos de existência da humanidade. O primeiro aspecto a destacar é que a evolução histórica do ser humano é contada, em parte, pelo domínio de técnicas de metalurgia. Assim, já houve a Idade do Cobre, Idade do Bronze e Idade do Ferro, cujos principais eventos e datações são apresentadas no esquema a seguir que apresenta a evolução dos conhecimentos químicos relacionada ao desenvolvimento da história da humanidade.

Ao tomarmos o Ferro como elemento de discussão, entendemos que o desenvolvimento de técnicas de metalurgia possibilitou uma série de avanços em termos de tecnologias. Embora o Ferro seja um metal de pouca utilidade quando puro, a formação das ligas metálicas do Ferro com outros materiais modifica suas características iniciais. A liga metálica do Ferro de maior uso na indústria é com o Carbono e outros metais em menor proporção, o aço. O aço em proporções adequadas é resistente à tração, por isso é usado na construção civil, na estrutura de edificações e principalmente no concreto armado.

Figura 4 – Marcação do desenvolvimento histórico a partir da Idade dos Metais

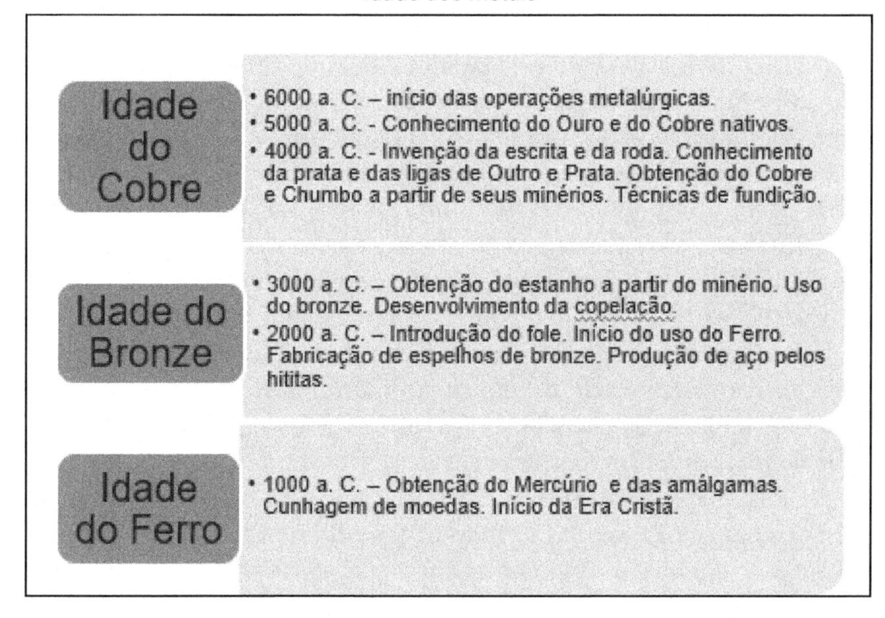

Fonte: Elaboração da autora

Há alguns tipos de aços especiais como o aço inoxidável que é uma liga de Ferro com 18% a 20% de Cromo e 8% a 12% de Níquel. O aço inoxidável é muito resistente à corrosão, sendo bastante usado em materiais que são postos em contato direto com Oxigênio e com a umidade do ar, como talheres, peças de carro, brocas, utensílios de cozinha e decoração. Em decorrência da demanda por ligas metálicas fabricadas a partir do Ferro, como o aço, a produção mundial é alta. O Brasil é o terceiro maior produtor de minérios de Ferro no mundo. No entanto, apesar disso, por não termos tecnologia para a produção de aço a partir de toda essa matéria prima, de acordo com a Associação Brasileira de Metalurgia, Materiais e Mineração, em 2021, nosso país foi o nono no *ranking* de produção mundial de aço.

No Brasil, destacamos a região do chamado Quadrilátero Ferrífero em Minas Gerais como a região a maior produtora nacional de minério de ferro (60% da produção brasileira). Além do minério de Ferro, na região, são extraídos também o Ouro e o Manganês. O Quadrilátero Ferrífero envolve cidades como Casa Branca, Itaúna, Itabira, Nova Lima, Santa Bárbara, Mariana, Ouro Preto, entre outras. Na região, o intenso processo de extração gera, além da movimentação econômica nas cidades como a criação de postos de trabalho, os impactos ambientais em decorrência dos descasos com a legislação e fiscalização ambiental. Os casos mais emblemáticos são os de Mariana e Brumadinho.

Em 2015, na cidade de Mariana, houve o rompimento da Barragem do Fundão que liberou cerca de 45 milhões de metros cúbicos de rejeito de mineração compostos basicamente por óxido de ferro, água e lama. Além dos danos ambientais, até hoje irreparáveis, o rompimento da Barragem do Fundão deixou 19 mortos. No caso de Brumadinho, a barragem que se rompeu estava desativada e fazia parte da mina do Córrego do Feijão. A tragédia decorrente do rompimento aconteceu em janeiro de 2019 e essa barragem, que foi implantada em 1976, tinha o objetivo de separar as impurezas resultantes da produção do minério de Ferro. O rompimento da Barragem do Córrego do Feijão causou um "tsunami" de lama de cerca de 11,7 milhões de metros cúbicos além da perda de mais de 272 vidas humanas.

Essas tragédias ainda se arrastam na justiça brasileira sem a punição dos culpados e sem as devidas ações para reparo das perdas ambientais e de indenizações. No entanto algumas ações políticas estão sendo realizadas no sentido de modernizar as estruturas de barragens e dar maior segurança para as áreas ao redor delas como o novo Marco Regulatório da Mineração (2018) e a Nova Lei de Barragens. Dentre as principais alterações propostas pela Lei de Barragens (Lei da ANM nº14.066) estão a proibição do uso de barragens construídas pelo método à montante (que eram os dois casos de Brumadinho e Mariana) e a desativação de todas elas até 25 de fevereiro de 2020, o que ainda não aconteceu, pois até o momento da escrita desse texto, foram desativadas apenas cinco das 54 barragens com estruturas semelhantes às que romperam nos dois maiores desastres causados pela mineração, em Brumadinho, em 2019, e em Mariana, em 2015.

Finalizando a jornada

Nesse breve texto, acompanhamos os caminhos do Ferro desde o espaço e seu movimento das estrelas até a formação do nosso planeta no qual esse elemento está no núcleo, na superfície e em nossos corpos. Além de ser presente naturalmente em nosso contexto de vida, o Ferro também participa da estruturação dos espaços físicos de nossas sociedades a partir de processos de extração e purificação nos quais, algumas vezes, a ambição pelo lucro supera os cuidados com a vida e o ambiente.

Buscamos assim, marcar a presença e a história do elemento Ferro entrelaçada com a história de vida em nosso pequeno espaço de habitação no Universo.

Referências

CANTO, E. L. *Minerais, Minérios, Metais*: de onde vêm? Para onde vão? São Paulo: Moderna, 1996.

CASTRO, P. T. A.; ENDO, I.; GANDINI, A. L. orgs. *Quadrilátero Ferrífero*: avanços do conhecimento nos últimos 50. Belo Horizonte: 3i Editora, 2020.

KOTZ & TREICHEL. *Química e reações químicas*. Rio de Janeiro: LTC, 1998.

LUFTI, M. *Os ferrados e cromados*: produção social e apropriação privada do conhecimento químico. Ijuí: Editora Unijuí, 2005.

VANIN, J. A. *Alquimistas e químicos*: o passado, o presente e o futuro. São Paulo: Moderna, 1994.

Sítios (Acessados em 27/12/2023)

https://super.abril.com.br/historia/somos-poeira-de-estrelas/

http://www.cprm.gov.br/publique/SGB-Divulga/Canal-Escola/Estrutura-Interna-da-Terra-1266.html#:~:text=Acredita%2Dse%20que%20o%20n%C3%BAcleo,era%20antigamente%20chamada%20de%20nife

https://www.abmbrasil.com.br/por/noticia/producao-mundial-de-aco-se-mantem-estavel-em-outubro

https://brasilescola.uol.com.br/geografia/quadrilatero-ferrifero.htm

http://www.ibama.gov.br/cites-e-comercio-exterior/cites?id=117

ELEMENTAR, MEU CARO...

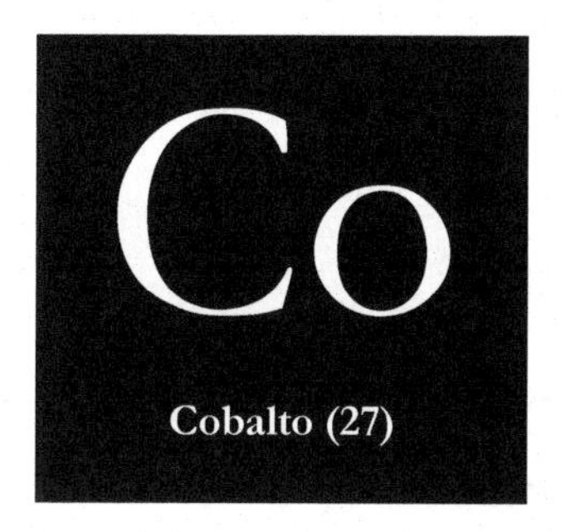

DO ESPÍRITO KOBOLT AO ELEMENTO COBALTO: CAMINHOS MATERIAIS E IMATERIAIS

Márlon Herbert Flora Barbosa Soares

Kobold, Cobold, Cobalto

Primeiramente, caro leitor, peço que você observe as Figura 1, 2 e 3, a seguir. São representações de um Kobold. Não tenha medo, são somente figuras. Ou não. De qualquer forma, dê uma olhada.

Figura 1 – Representação de um Kobold

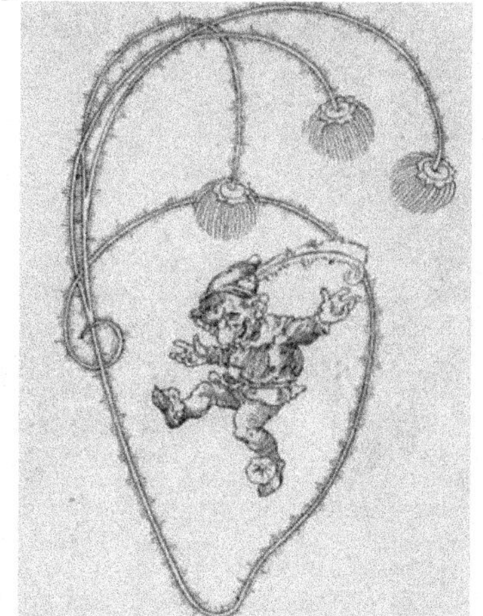

Fonte: Willy Pogány (1882-1955) - The Fairies and the Christmas Child. London: Harrap & Co., and New York: Domínio Público.

Figura 2 – Outra Representação de um Kobold

Fonte: JNL – Domínio Público - https://commons.wikimedia.org/w/index.php?curid=388776

Figura 3 – E mais uma representação de um Kobold

Fonte: Gustave Doré - Google Books version of La Mythologie du Rhin by X.-B. Saintine, p. 288., Domínio Público, https://commons.wikimedia.org/w/index.php?curid=3021525.

Ora, e o que é um Kobold e o que ele tem a ver com o Cobalto? O Kobold é um tipo de duende, uma forma espiritual que representa algo próximo aos elementais da mitologia céltica. No entanto, o Kobold é da mitologia têutica/alemã. Como nas figuras, há várias representações do Kobold, mas a que nos interessa, é aquela ligada ao que chamamos de Kobold das minas. Esse tipo, é meio maldoso, brincalhão e assombra principalmente os mineiros (os que trabalham em minas de minério, gente, não os nossos brasileiros de Minas Gerais).

E é dos Kobolds das minas que tem origem nosso objeto de estudo deste texto. Explico: o Cobalto metálico foi isolado a primeira vez, pelo químico sueco Georg Brandt (1694-1768) no ano de 1735, a partir de uma amostra de esmaltita. Esse mineral, até então de composição desconhecida começou a ser utilizado por artesãos e fabricantes diversos de vidro.

Tanto os vidreiros, quanto os estudiosos de minerais, entendiam esse comportamento de forma considerada misteriosa. E como esse mineral era oriundo de várias minas europeias, principalmente alemãs, rapidamente iniciou-se a relação de seu comportamento químico com os mistérios de assombração das minas das lendas dos Kobolds. De minério dos Kobolds para o Cobalto foi um pulo linguístico de caminhos semelhantes a Você e Vossa Mercê. Além de tudo, o minério extraído dessas minas tinha um certo grau de toxicidade e porque também, assim como níquel, contaminava ou degradava outros elementos que os mineiros queriam extrair das minas. Na verdade, a esmaltita era composta por Arsênio ($CoAs_2$). Dessa forma, no processo de extração, os mineiros eram expostos a vapores venenosos, compostos por Arsênio. Era mais fácil culpar os coitados dos Kobolds.

Outra possível etimologia desta palavra é atribuída aos mineiros Harz e Erzgebirgechitze, que se sentiram enganados, pois o minério que era extraído não tinha um bom valor comercial e não era bom para a saúde e ainda atrapalhava sobremaneira a extração da prata e do níquel que ocorria junto com o cobalto, pelas dificuldades relacionadas à separação dos minérios. Reza a lenda, que os mineiros acreditavam que os Kobolds roubavam a prata e o níquel e deixavam esse tal de cobalto no lugar dela. Se fosse verdade, teríamos duendes extrativistas e alquimistas. Mas, assim como todos os duendes da humanidade, com o tempo e a ciência, sumiram.

Quemcosô? Oncotô?

Mas o Cobalto não é brincalhão, nem maldoso e não assombra ninguém, por enquanto. O elemento Cobalto (com seus vários Kobolds. Desculpem, não resisti) tem número atômico 27. Ou seja, 27 prótons e 27 elétrons. Sua massa atômica de elemento químico é de 58,933 g mol^{-1}, que aliás, é seu isótopo natural. Seu isótopo natural é o Co (59), com ponto de fusão de 1495 °C (acima disso, você consegue eliminar todos os famigerados Kobolds, pois ouvi falar que eles não gostam de fogo).

O Cobalto é um metal branco acinzentado, conforme a Figura 1, a seguir.

Figura 4 – Cobalto metálico.

Fonte: Depositphotos (https://br.depositphotos.com/stock-photos/cobalto.html)

O Cobalto é bem, digamos, popular, pois é extraído em todo o mundo, inclusive no Brasil (ok, Brasil faz parte do mundo, foi um recurso de afirmação, caro leitor). Ele é quase sempre um subproduto da extração do cobre e do níquel em maior quantidade, mas também e outros metais, como a prata. Ou seja, ele não era inicialmente um metal de interesse (por isso a birra dos mineiros da Alemanha com os Kobolds). Atualmente é obtido a partir da eletrólise de minerais tais como o ($CoAs_2$), conhecido como esmaltita e da cobaltita (CoAsS).

De longe, o maior produtor de cobalto do mundo (the oscar goes to...) é a República Democrática do Congo (RDC), que inclusive já foi Zaire e agora é Congo de novo (a história é longa, sugiro pesquisarem). E é na RDC que está localizado o Cinturão de Cobre da África Central, conhecido mundialmente como Copperbelt. A produção de cobalto no mundo é estimada entre 120 mil a 140 mil toneladas por ano. Deste total a RDC é responsável por 55 a 60% desta produção.

Como o cobalto é um metal importante e necessário nas baterias de íon-lítio e também para os carros elétricos, este metal vem se tornando cada vez mais valorizado ano a ano. Aproximadamente mais de 300 empresas estão à procura de minas de cobalto em todo o mundo. Com esse crescimento acelerado e seu uso em termos de dependência tecnológica, podemos prever, caro leitor, que a RDC poderá ser "auxiliada" pelos Estados Unidos da América e seus aliados, na derrubada de seu governo "antidemocrático", na perspectiva de "libertar" o povo congolês das garras dos "malvadões" que governam a RDC, assim como fizeram com o Iraque e suas armas químicas. Elementar.

Pensemos juntos, caro leitor. Você, que tem seu smartphone, ou seu tablete, ou seu laptop, ou qualquer outro aparelho eletrônico que tenha baterias de íon-lítio. Essa bateria com certeza terá cobalto. Esse cobalto tem que ter sido extraído de algum lugar. É bem provável que maioria dessa extração tenha acontecido no cinturão de cobre no Congo. Mas o que você talvez não tenha pensado ainda, é como esta extração é realizada. Segundo a Anistia Internacional (2016) ela é feita em grande parte das minas em condições não tecnológicas, ou seja, em condições insalubres e desumanas com baixa remuneração. As mineradoras despejam os resíduos nos rios da região e há também explosões quase diárias nas minas que afetam a população do entorno das minas. Há casos frequentes de má formação fetal, anencefalia e mortes prematuras de bebês, causados pela contaminação não só pelo cobalto, mas também pelo níquel e cobre.

Os trabalhadores são expostos aos pós e resíduos das minas nas extrações pois a maioria trabalha sem nenhum equipamento de proteção. Além disso, há vários casos relatados de trabalho infantil nestas minas, além das extrações não autorizadas que também levam a condições insalubres e desumanas de trabalho.

A exposição ao cobalto pode causar ainda, aumento de casos de câncer, lesões no miocárdio, além de várias dermatites e inflamações respiratórias diversas que podem variar de rinites até nasofaringites. Vários trabalhadores envolvidos em indústrias metalúrgicas ou em minas como as que estamos descrevendo desenvolveram algum tipo de asma ocupacional.

É de fundamental importância que você viva a partir das tecnologias que você consome. Mas é ainda mais importante que você entenda a origem do que chega em suas mãos e o custo de vidas que são ceifadas e destruídas para que você possa acessar suas redes sociais, digitar seus trabalhos e fazer uma ligação de vídeo com seus familiares. E não, o que causa isto aos homens, mulheres e crianças que trabalham em extração de cobalto no Congo, não são os Kobolds. São outros seres humanos que detém os meios de produção e exploram outros seres humanos. Não há como pensar em ciência sem pensar nestes aspectos.

Serve para quê, mesmo?

Além de ser usado em nossos aparatos tecnológicos individuais, o cobalto tem outras várias aplicações. Ele pode ser usado na indústria metalúrgica, assim como está presente na vitamina B12, ou ainda para tratamentos médicos, além de ser utilizado como pigmento. Vamos falar um pouco de cada uma dessas aplicações.

O cobalto na Vitamina B12

Sua mãe sempre dizia para você quer era para comer tal coisa que aquilo tinha vitamina e você iria crescer "fortinho". Mas, o que é uma vitamina? O termo vitamina veio da junção das palavras Vita, de vida, e Amina, que veio da amina mesmo. Seu criador, foi um químico, de nome Casimir Funk (ehehe, eu sei o que você pensou), em 1912. Ele achava que este tipo de substância eram todas aminas.

As vitaminas são compostos orgânicos que o organismo humano não consegue sintetizar, fazendo-se necessário a sua ingestão por meio da alimentação ou suplementação. Mas como a gente não vai fazer um tratado sobre vitaminas, e estamos falando do cobalto, uma destas vitaminas, a B12, tem o cobalto em sua composição. Ela também é conhecida como cianocobalamina. Mas a vitamina B12 serve para que?

A vitamina B12 é essencial para formação de glóbulos vermelhos do sangue e também atua diretamente em nosso sistema nervoso central (olha os kobolds agindo, aí, gente!) auxiliando na formação dos neurônios. Dá uma olhada na complexidade da vitamina B12 e onde o cobalto está localizado, na figura 5 a seguir:

Figura 5 – Vitamina B12

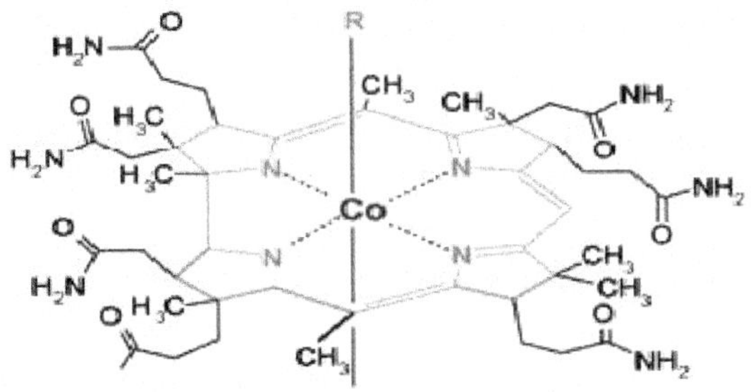

Fonte: Qnint.sbq.org.br

Há vários alimentos bem ricos em vitamina B12, tais como o leite, a carne e os ovos. Devido a esses aspectos, essa deficiência deve ser considerada um importante problema de saúde pública, principalmente entre pessoas idosas e indivíduos que adotam uma dieta estritamente vegetariana. Recomendo que os vegetaríamos e veganos procurem suplementação desta vitamina, pela sua importância ao organismo. A deficiência dessa vitamina pode ocasionar transtornos hematológicos, neurológicos e cardiovasculares. Dessa forma, o diagnóstico precoce da deficiência de vitamina B12 é de grande importância para evitar danos patológicos irreversíveis. Enfim, sua mãe sempre esteve certa. E sua avó, também.

Cobalto e a metalurgia

Vamos fazer uma vírgula em defesa dos nossos kobolds. Nos últimos anos ficaram famosos os anões de J. R. R. Tolkien, principalmente aqueles habitantes de Khazad-dûm, que são mestres da metalurgia. Excelentes mineiros, nenhuma raça é tão especialista em minas como os anões. Mas, você não vê nenhum elemento químico com o nome relacionado a algum anão das diversas fantasias. Somente o nosso kobold, chegou lá. Isso é tudo, menos maligno. Eu diria, uma homenagem aos nossos seres especiais. A metalurgia está ligada diretamente à mineração. O processo de metalurgia pressupõe uma mineração anterior. E nas primeiras minerações do cobalto, fomos auxiliados pelos kobolds. *Kobols wins*. Fim da Vírgula.

O cobalto é muito usado em processo metalúrgicos pois tem uma resistência mecânica bem alta. Apesar de ser mais resistente, tem maior custo. No que se refere à formação de ligas metálicas, o cobalto apresenta uma estrutura cristalina cúbica estável em temperaturas altas que vão de 760 a 680 graus Celsius. Esse tipo de estrutura cristalina estável do cobalto é que proporciona a resistência o choque térmico.

Utilizando cobalto, há ligas resistentes ao calor, ao desgaste e à corrosão. Por isso, são ligas que constituem as hélices das turbinas a gás. Tais turbinas são amplamente utilizadas em usinas de geração de energia elétrica e também na indústria petroquímica fornecendo energia para os processos industriais e geração de vapor. Em síntese, as ligas com cobalto são bastante utilizadas em ambientes que necessitam de alta resistência à temperatura, à corrosão bem como diversos outros tipos de desgaste.

Mais recentemente, o cobalto também vem sendo utilizado em nanoilhas magnéticas. Elas têm propriedades magnéticas muito estáveis com possibilidades de uso em reatores nucleares e claro, aplicação em dispositivos eletrônicos de armazenamento e transferência de dados. E como tais aspectos tecnológicos são praticamente a nova corrida do ouro no planeta, o domínio de tais tecnologias e das minas de cobalto pode aumentar a dependência econômica de um país em relação ao outro e consequente exploração exacerbada da mão de obra de trabalhadores e trabalhadoras para extração e manufatura de materiais a base de cobalto. Nem os kodolds poderiam ser mais malignos.

Tratamentos médicos

Por apresentar biocompatibilidade, ligas de cobalto com cromo são frequentemente utilizadas para fabricar implantes ortopédicos. Como o cobalto tem alta resistência à corrosão, consegue suportar a forte presença salina do organismo. No que se refere ao uso mecânico dessas próteses, são muito utilizadas como implantes estáticos, ou seja, na fixação de fraturas. Neste caso, espera-se resistência mecânica suficiente para substituir, mesmo que provisoriamente a função do osso. Além disso, também são utilizadas como implantes nas articulações, com um desafio biomecânico de ter que suportar movimentos de forma constante e transmissão de cargas de diversos forças exercidas no e pelo corpo humano.

O cobalto, tem massa atômica de 58,99 $g.mol^{-1}$. Entre seus vários isótopos, o mais conhecido e utilizado é o cobalto (60). Na verdade, seria cobalto (59,993), mas a gente arredonda para ficar mais palatável. Ele é utilizado, principalmente no que se refere a algumas aplicações medicinais, como fonte de radiação gama. Por exemplo, é uma das formas mais comumente utilizadas para a esterilização de dispositivos médicos descartáveis ou de uso único.

No entanto, a principal aplicação do cobalto (60) está ligada a radioterapia para o tratamento do câncer. A chamada cobaltoterapia consiste na utilização do cobalto (60) confinado em um cilindro metálico com aproximadamente 2 cm de diâmetro x 2 cm de altura. Ele emite raios gama (γ) de alta intensidade com decaimento de partículas beta (β) facilmente blindado pelo cilindro metálico. Dessa forma, o feixe de raios gama é direcionado ao tumor. Em síntese, vimos que não são os kobolds que tiram o tumor com as mãos. Em uma metáfora avançada, o cobalto grande parte das vezes, tira. Atualmente, os aparelhos mais modernos usam os chamados feixes lineares de raio-x, não utilizando o cobalto no processo.

Kobolds que pintam

Nossa última aplicação para este trabalho, é o uso dos kobold, ops, do cobalto para a confecção de pigmentos. Minérios de cobalto vem sendo utilizados a pelo menos 4 mil anos em vários artefatos, que vão desde vasos e peças de porcelana chinesas até cerâmicas egípcias entre outras várias aplicações. Nestes casos, o cobalto é responsável pelas cores azuis mais brilhantes destes materiais, diretamente da esmaltita, mineral que já conversamos sobre, no início deste texto. Os pigmentos azuis da esmaltita são obtidos a partir da moagem e trituração até que que vire pó. A seguir, esse pó é calcinado e umedecido no almofariz. Temos ainda, pigmentos azuis e verdes a base de óxidos de cobalto diversos, tais como o Co_3O_4 (óxidos de cobalto, II, III) que se decompõe em CoO (óxido de cobalto (II)) e também em Co_2O_3 (óxido de cobalto (III)), responsáveis pelas variações de cores azuis de cerâmicas e até mesmo de algumas tonalidades de verdes. Você chegou até aqui e, não. Não são os kobolds que utilizam suas habilidades de pintores.

Adeus kobolds

É um adeus duplo. Tanto dos mitos relacionados ao cobalto, quanto ao fato de que há muito mais a falar sobre o cobalto, mas precisaríamos de um compêndio que nem é nossa intenção. O abandono dos mitos em favor do conhecimento científico é importante, mas vimos também que a utilização do cobalto traz também uma série de malefícios sociais, principalmente relacionado a exploração de homens, mulheres e crianças. Por outro lado, vimos o quanto ele é importante em várias searas da sociedade, de forma muito benéfica para a saúde e para a vida. O cobalto está presente. Ele continuará a ser extraído. Mas, não é ele que escolhe se será ou não bem utilizado pelos seres humanos. Muito menos os kobolds. Essa é uma escolha nossa. Ela não é fácil, mas se faz necessária e começa com textos de alerta, até uma efetiva ação conjunta da sociedade.

Referências

ZAGO, M. A.; MALVEZZI, M. Deficiência de vitamina B12 e de folatos: anemias megaloblásticas. In: FALCÃO, R. P.; PASQUINI, R. *Hematologia: fundamentos e prática*. São Paulo: Atheneu, 2001. Cap. 21, p. 195-210.

ANDRES, E.; Loukili, N. H.; Noel, E.; Kaltenbach, G.; Abdelgheni, M. B.; Perrin, A. E.; Noblet-Dick, M.; Maloisel, F.; Schlienger, J. L.; Blicklé, J. F. Vitamin B12 (cobalamin) deficiency in elderly patients. *CMAJ*, v. 171, n. 3, p. 251-9, 2004.

ANISTIA INTERNACIONAL, 2016. This Is What We Die For" Human Rights Abuses In The Democratic Republic Of The Congo Power The Global Trade In Cobalt. Disponível em: https://abre.ai/jinP, acesso em 14/12/2022.

Busnardo, N. G.; Paulino, J. F.; Afonso, J. C. Recuperação de Cobalto e de Lítio de Baterias Íon-Lítio Usadas. *Química Nova*, Vol. 30, No. 4, 995-1000, 2007.

COBALT INSTITUTE, 2019. Disponível em: https://www.cobaltinstitute.org/about-cobalt/cobalt-life-cycle/cobalt-mining/, acesso em 14/12/2022.

Medeiros, M. A. Cobalto. *Química Nova na Escola*, Vol. 35, N° 3, p. 220-221, 2013.

CHOHFI, M.; KÖBERLE, G. REIS, F. B. Prótese metal/metal: uma tendência? *Revista Brasileira de Ortopedia*, vol, 32, n. 10, 1997.

Santos, E. F. C.; Bezerra, R. D. S.; Araujo, W. L. S. Ligas de Cobalto e Cromo Usadas em Aplicações Biomédicas. *Revista Virtual de Química*, vol. 14, n. 6, 1058-1064, 2022.

Alves, A. N. L.; Rosa, H. V. D. Exposição ocupacional ao cobalto: aspectos toxicológicos. *Revista Brasileira de Ciências Farmacêuticas*, vol. 39, n. 2, 2003.

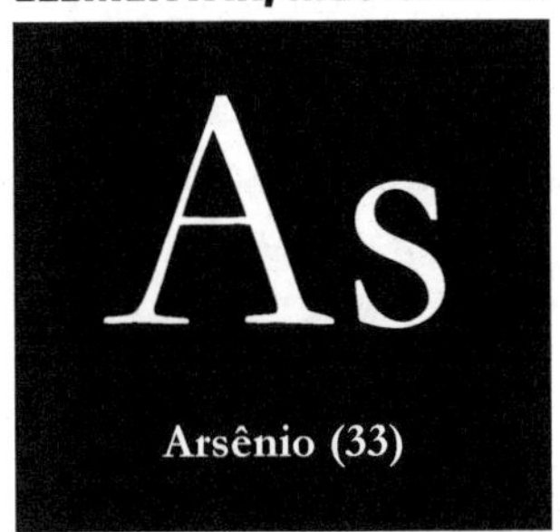

"PRENDA-ME SE FOR CAPAZ": O ELEMENTO QUE FEZ (MUDOU A) HISTÓRIA

Bruno Silva Leite

Prazer, meu nome é Arsênio

Em uma breve pesquisa nos mecanismos de busca na Internet, quer seja na *Web* ou nos ambientes mais sombrios da *Deep Web*, pela frase "elementos químicos perigosos" ou frases similares que envolvam situações perigosas envolvendo a Química, certamente você encontrará um elemento químico que fez parte da história de vida ou da morte de muitas pessoas (famosas ou não). Estamos falando do elemento químico Arsênio e seus compostos. Se você pesquisar pela palavra *Arsenic* (termo inglês para Arsênio), o *Google* lhe fornecerá aproximadamente 95.500.000 resultados sobre ele. E o que tem o arsênio?

O arsênio é um dos elementos possivelmente mais bem conhecido nos tribunais, sendo atribuído a ele a *causa mortis* em muitos casos julgados pela justiça. Para além de uma ficção, daquelas que se vê nos livros policiais ou em filmes e novelas (obviamente até nas novelas mexicanas), o arsênio é um dos elementos mais perigosos a nossa saúde, talvez por isso ganhou o "carinhoso" nome de *pó da herança* (ou *pó do herdeiro*) por ser utilizado em diversos casos de assassinatos.

O elemento químico Arsênio é encontrado no grupo 15 da Tabela Periódica dos Elementos, possui o símbolo As com número atômico 33, massa atômica 75u, é um sólido na temperatura ambiente e tem cinco elétrons na camada de valência. O arsênio pode perder 5 elétrons e ter a configuração As^{5+}; pode perder 3 elétrons e ter a configuração As^{3+} ou pode ganhar 3 elétrons se tornando As^{3-}.

O arsênio está presente em toda parte: na crosta terrestre, no espaço, no Sol, no mar, na água das fontes, nas montanhas e também, em traços minúsculos, no corpo humano (uma pessoa de 70 kg tem em média 7 mg deste elemento – 0,1 ppm). Além disso, o arsênio é o 52º. elemento mais abundante na crosta terrestre, com concentração média de 1,7 ppm (partes por milhão). Embora seja muito raro, ele pode ser encontrado na forma pura, sem estar combinado com nenhum elemento. O arsênio ocorre naturalmente em vários minerais (HOUSECROFT; SHARPE, 2013), os principais são arsenopirita (FeAsS), arsenolita (As_2O_3), enargita (Cu_3AsS_4) e tennatinta ($Cu_{12}As_4S_{13}$).

Em 1764 Henry Cavendish (1731-1810), em seu primeiro trabalho importante na Química, realizou a síntese e descoberta do ácido arsênico, a partir da reação à quente do óxido arsenioso com o ácido nítrico, porém Cavendish não publicou os resultados e a publicização da descoberta foi feita em 1775 pelo químico sueco Carl Wilhelm Scheele (1742-1786) (CALADO, 2012). Scheele reagiu trióxido de arsênio com ácido nítrico e zinco para produzir arsina (AsH_3), um gás com odor de alho. Este cheiro característico chamou a atenção de um químico no século XIX que elaborou um mecanismo para detecção do arsênio em vítimas de envenenamento, contribuindo para o desenvolvimento de uma área pouco conhecida na época, a Química Forense.

Depois dessa breve apresentação do nosso "elementar, meu caro Arsênio", pretendemos neste capítulo apresentar curiosidades sobre o arsênio e compostos contendo esse elemento, que podem servir como uma introdução para discussões sobre a Química com estudantes de diversos níveis de formação, pois entrelaçam informações históricas sobre o arsênio e suas "ações" na sociedade, ciência e na tecnologia.

A história de um elemento perigoso

Desde o início da humanidade, sempre existiram curiosos, ou digamos, pesquisadores querendo saber do que são feitas as coisas, o que causa determinada reação alérgica, o que pode "curar" ou matar um indivíduo. Por exemplo, há relatos de que o trióxido de arsênio foi usado na medicina tradicional chinesa há mais de 5.000 anos. Os antigos chineses e indianos também usavam o arsênio como pesticida.

O nome arsênio (do latim *arsenium*) em grego *arsenikós* significa "forte, viril". Foi descoberto em 1250 por (Santo) Alberto Magno na Alemanha. A maioria das substâncias que contém arsênio em sua composição sejam eles orgânicos ou inorgânicos, penta ou trivalentes, acabam sendo convertidos pelo organismo ao trióxido de arsênio que por sua vez reage rapidamente com os grupos sulfidrilas das proteínas, inibindo assim a ação enzimática e bloqueando a respiração celular (ANDRADE; ROCHA, 2016). O termo arsênico era utilizado para indicar produtos químicos que contêm arsênio (HOUSECROFT; SHARPE, 2013). O arsênio e seus compostos são muito tóxicos e todas as aplicações dos arsênicos se baseiam no seu amplo espectro de toxicidade.

Cuidado, o arsênio é tóxico!

A toxicidade do arsênio (atualmente) é bem conhecida, e o elemento aparece regularmente em romances criminais como um veneno. Uma dose de aproximadamente 130 mg é mortal (pouco mais do que o tamanho de uma ervilha pode se constituir em uma dose letal). Os sintomas geralmente aparecem pouco tempo após a sua ingestão, alguns efeitos comuns são: fadiga, dor de cabeça, dor de estômago, dormência e palpitações. Um gosto metálico também pode ser notado na boca e o hálito da vítima também pode desenvolver um odor semelhante ao do alho. Em casos de intoxicação aguda, os sintomas rapidamente se tornam mais graves. As dores de estômago progridem para diarreia e vômito, e a vítima também pode expelir sangue na urina. Podem ocorrer psicose e alucinações e, subsequentemente, convulsões, coma e morte. Caso a vítima seja envenenada de forma mais lenta e metódica, ela também pode apresentar perda de cabelo e a descoloração das unhas. Os sintomas do arsênio são misteriosos e irresolutos, comportando-se como uma doença infecciosa.

O arsênio é bem conhecido por suas propriedades tóxicas e alguns compostos desse elemento são utilizados como venenos para ratos e como inseticidas. No que diz respeito a sua ação como veneno para rato, comumente é utilizado o acetoarsenito de cobre, porém, não apenas como veneno para rato o arsênio foi utilizado, ele também tem uma longa história em casos de envenenamento de pessoas.

Prenda-me se for capaz

Nesta seção apresentaremos situações em que o Arsênio foi considerado o "vilão" na história, destacando como este elemento teve participações em diversos casos (suspeitos) de assassinatos. Segundo Hempel (2019), no período entre 1750 e 1914, o arsênio esteve envolvido em mais de 200 casos investigados nos tribunais criminais ingleses. Embora não haja um registro definitivo de seu primeiro uso como veneno, sem dúvida foi utilizado como tal por vários séculos, principalmente para depor cônjuges, parentes, funcionários e governantes. Nos casos em que o arsênio foi "pego", tendo sua ação/aplicação descoberta (ou suspeita), utilizaremos a frase: **prenda-me se for capaz!**

Uma pitada de veneno

O arsênio branco é conhecido há séculos. Na Roma Antiga um dos primeiros casos documentados de envenenamento envolvem a suspeita de que Nero usou o arsênio para envenenar seu meio-irmão (Britannicus) para continuar como imperador, já que Britannicus tinha direito a reivindicar o império e após beber um vinho, morreu. Nero alegou que Britannicus morreu de um ataque epiléptico (suspeito, não é?).

Nos séculos XVII e XVIII, o uso do arsênio branco como veneno foi generalizado. No início do século XIX, uma epidemia de envenenamento por arsênio assolava a Europa. Nessa época o pó de arsênio era barato, abundante e fácil de ser adquirido em qualquer mercearia ou boticário por alguns centavos. Por sua "eficiência", era difícil provar que a vítima havia sido envenenada por arsênio, pois não era fácil identificá-lo na comida ou na bebida contaminada, uma vez que ele não tinha gosto. Também conhecido como "O rei dos venenos", o arsênio branco, incolor e inodoro, era uma escolha popular dos envenenadores.

Os mais famosos envenenadores da história, os Medici e os Borgia na Itália do século XV, quase certamente usaram arsênio (HEMPEL, 2019). Dois séculos após os Borgia, Giulia Tofana (1620-1659) foi acusada de vender porções para mulheres que queriam se livrar dos maridos. No século 17, Tofana fabricou a Aqua Tofana a fim de colocar um fim em diversos relacionamentos abusivos e atender as mulheres que desejavam se tornarem viúvas. A Aqua Tofana (uma mistura de arsênio, chumbo e beladona, uma planta venenosa) se transformou em um veneno lendário e ideal para crimes (quase) perfeitos, por ser insípido, inodoro e incolor, e assim, passava despercebido.

Prenda-me se for capaz! Em 1659, uma cliente de Tofana solicitou o veneno para utilizá-lo em uma sopa para seu marido. Ela inseriu a Aqua Tofana no prato, mas antes de seu marido tomar a sopa, ela se arrependeu e o avisou que sua refeição continha uma substância mortal. Com isso, Tofana foi denunciada e procurada pelas autoridades da época, sendo encontrada escondida em uma igreja. Ela foi imediatamente interrogada confessando ter causado a morte de ao menos seiscentos homens (em aproximadamente 18 anos), mas a admissão foi obtida sob tortura, sendo condenada à morte.

O arsênio esteve presente na família de um rico fazendeiro e proprietário de terras que morava no vilarejo de Plumstead, em Kent um condado situado no sudeste da Inglaterra, próximo de Londres. Seu nome, George Bodle. Conta os autos do processo que na manhã de um sábado, em 02 de novembro de 1833, a família Bodle estava reunida para o café matinal (como ocorria normalmente). O que foi diferente dos diversos sábados da família é que vários membros repentinamente adoeceram de forma inesperada apresentando graves sintomas gastrointestinais, vômitos, sensação de queimadura na garganta, além de desmaios. Na noite do mesmo sábado, o médico de Bodle, John Butler, foi convocado a comparecer no casarão que ficava na rua principal do vilarejo de Plumstead. Na residência, Butler após examinar os moradores e receber relatos similares dos casos (não apenas nos sintomas, mas do fato de que todos começaram a passar mal após o café da manhã) prescreveu um remédio padrão da época, a base de clara de ovo batida em água, seguida de uma dose de óleo de castor (HEMPEL, 2019). Os familiares e empregados da casa de Bodle se recuperaram, porém Bodle piorou e morreu dias depois. O médico desconfiado que os Bodle haviam sido envenenados relatou a situação às autoridades que abriram investigações para o caso, que tomou a atenção da mídia nacional.

O que se pensava ser uma tragédia, mostrou-se um caso particular de envenenamento. As investigações apontavam que Bodle havia mudado os termos de sua herança recentemente. Ele favoreceu sua filha e seu genro (Samuel Baxter) em detrimento de seu filho, John Bodle. Naquela época o Butler realizou as investigações com a autorização do juiz local e solicitou amostras do café e do vômito de Bodle e enviou para análise de Michael Faraday (1791-1867), professor de Química na Real Academia Militar. Faraday não estava com tempo (nem disposição, pois estava se dedicando às questões da eletricidade), atribuindo a missão ao seu auxiliar, James Marsh (1794-1846).

Prenda-me se for capaz! Durante as investigações descobriu-se que o filho de John Bodle, Young John Bodle, neto da vítima, havia comprado pacotes de arsênio em uma loja do vilarejo, tornando-se o principal suspeito. Com várias reviravoltas e segredos da família sendo revelados a ação judicial não conseguiu provar que o neto de Bodle era o responsável pelo envenenamento (HEMPEL, 2019). Em sua defesa Young John Bodle afirmou que o arsênio comprado não foi usado para fins criminais (ele usava para matar ratos), sendo considerado inocente pelo júri. Contudo, anos depois ao ser acusado de outro crime, Young John Bodle assumiu que foi ele quem envenenou seu avô.

Para além deste processo de investigação e homicídio é importante destacar a atuação de um químico no caso Bodle: James Marsh, morador de Wollwich no Kent. Descrito como um "químico prático", Marsh informou que testou os remanescentes do café dos Bodle e descobriu que havia arsênio, porém não sabia precisar o quanto de arsênio estava contido no café. Por ser uma nova técnica e não ter sido "validada" por outros cientistas da época, os dados de Marsh não foram aceitos pelo júri. Na primeira aplicação (utilizada no caso Bodle), Marsh usou uma mistura de sulfeto de hidrogênio com ácido clorídrico que, embora tenha sido capaz de identificar o metal (aparição de uma solução em tom amarelado), não foi o suficiente para convencer o júri do caso, pois não era possível ver o arsênio na forma metálica.

Assim, Marsh passou anos aperfeiçoando um teste para detectar em material biológico a presença de traços de arsênio, o que ficou conhecido como o Teste de Marsh. Esse teste foi publicado pelo próprio autor pela primeira vez na *Edinburgh Philosophical Journal* em outubro de 1836. Marsh usou uma mistura de ácido sulfúrico com zinco metálico para formar gás arsina (AsH_3), que em presença de calor libera arsênio metálico e hidrogênio. O ácido sulfúrico e o zinco metálico são adicionados a amostra em que há suspeita da presença de arsênio. Mesmo se houver quantidades mínimas de arsênio, o zinco reduz o arsênio trivalente (As^{3+}), conforme as duas semi-reações:

Oxidação: $Zn \rightarrow Zn^{2+} + 2\,e^-$
Redução: $As_2O_3 + 12\,e^- + 6H^+ \rightarrow 2\,As^{3-} + 6\,Zn^{2+} + 3H_2O$

Se este estiver na forma de óxido (As_2O_3), o zinco entra como agente redutor sobre o arsênio, conforme a reação:

$$6\,Zn + As_2O_3 + 6H^+ \rightarrow 2\,As^{3-} + 6\,Zn^{2+} + 3H_2O$$

Caso a amostra contenha arsênio, ele irá ser reduzido pelo zinco. Em meio ácido As^{3-} é protonado para formar gás arsina (AsH_3), e adicionando ácido sulfúrico (H_2SO_4) a cada lado da equação, obtemos:

$$6\,Zn + As_2O_3 + 6H^+ + 6\,H_2SO_4 \rightarrow 2\,As^{3-} + 6\,Zn^{2+} + 3H_2O + 6\,H_2SO_4$$

Como o As^{3-} combina com o H^+ para formar arsina:

$$6\,Zn + As_2O_3 + 6H^+ + 6\,H_2SO_4 \rightarrow 2\,AsH_3 + 6\,ZnSO_4 + 3H_2O + 6H^+$$

Eliminando os íons comuns, temos:

$$6\,Zn + As_2O_3 + 6\,H_2SO_4 \rightarrow 2\,AsH_3 + 6\,ZnSO_4 + 3H_2O$$

Na reação os ânions formados do arsênio vão reagir com o hidrogênio que é liberado pelo ácido sulfúrico formando a arsina, AsH_3, (uma espécie gasosa com cheiro de alho). Nesse momento, o gás pode ser submetido a alguns processos para determinar a presença do arsênio. Assim, passando por um tubo aquecido a arsina formada sofrerá uma decomposição, liberando o gás hidrogênio, gerando o arsênio em sua forma metálica (MOTA; DI VITTA, 2014). Um dos procedimentos adotados é submeter o gás a um papel reativo, como o papel de nitrato de prata ($AgNO_3$), em que há a formação de um composto intermediário de cor amarela e numa segunda etapa, há a redução até a prata metálica de cor escura (MOTA; DI VITTA, 2014), conforme a reação:

$$AsH_3 + AgNO_3 + 3\,HNO_3 \rightarrow AsAg_3.3AgNO_3 \text{ (precipitado amarelo)}$$
$$AsAg_3.3AgNO_3 + 3H_2O \rightarrow H_3AsO_3 + 6Ag \text{ (precipitado escuro)}$$

O arsênio forma uma espécie de filme, chamado de "espelho de arsênio", sendo proporcional a quantidade de arsênio obtida na amostra. O método de Marsh se baseava no fato de que, quando uma solução de arsênio, em qualquer uma de suas formas, entra em contato com o hidrogênio, ela reage para formar o gás arsina. Em 1837, o químico sueco Jöns Jacob Berzelius (1779-1848) encontrou uma forma de medir o arsênio extraído pelo método de Marsh, tornando o teste tanto quantitativo quanto qualitativo (WATSON, 2006; HEMPEL, 2019). Berzelius criou um dispositivo no qual a arsina passava por um tubo para ser posteriormente aquecida. O gás era inflamado ao escapar pela torneira do aparelho de Marsh, e o arsênio metálico produzido era depositado no tubo de vidro, para que pudesse ser pesado.

Na França a jovem Marie-Fortunée Lafarge (1816-1852) tinha entrado em um casamento arranjado com Charles Pouch-Lafarge acreditando que ele era um homem rico, mas quando ela descobriu a verdade (que ele não era rico, pelo contrário ele tinha diversas dívidas), passou a inserir arsênio na comida de seu marido. Charles Lafarge adoeceu durante uma viagem de negócios. Após seu retorno, Marie atendeu a todas as suas necessidades, mal saindo de seu lado, contudo um amigo da família notou um comportamento peculiar da senhora Lafarge. Ela estava colocando algo na comida dele. Quando Charles faleceu, ela foi acusada de assassinato. O julgamento deste caso chamou atenção e acabou dividindo o público francês. O público estava dividido sobre sua culpa e mais uma vez o teste de Marsh foi trazido para apurar a verdade.

Prenda-me se for capaz! A análise preliminar do estômago de Charles, com o teste de Marsh, não encontrou qualquer sinal de arsênio, mas a promotoria não descansou. Eles decidiram trazer um especialista, um homem que mudaria para sempre a metodologia da ciência forense. O nome dele era: Mathieu Joseph Bonaventure Orfila (1787-1853), reitor da Faculdade de Medicina de Paris e principal toxicólogo da época, sendo considerado como o criador da toxicologia forense. Em 1840, Orfila aplicou o teste Marsh para comprovar a presença de arsênio durante o julgamento de Marie Lafarge. Com base nos resultados obtidos por Orfila, Marie Lafarge foi considerada culpada pelo assassinato de seu marido e condenada à prisão perpétua. Devido ao trabalho científico de Orfila e sua aplicação do teste de Marsh, este é considerado o primeiro caso reportado do uso das análises toxicológicas em um julgamento de um caso criminal.

O teste de Marsh contribuiu para o desenvolvimento da ciência, principalmente na área da ciência forense, porém nos dias atuais, utiliza-se outras técnicas para a detecção de arsênio, por exemplo, a espectrometria de absorção atômica e a espectrometria de massa.

De veneno a arte

Em 1775, Carl Wilhelm Scheele (químico sueco) desenvolveu uma cor que recebeu seu nome, verde de Scheele (arsenito de hidrogênio cúprico, $CuHAsO_3$). Por ser relativamente barato e ter uma cor verde vibrante, esse tom se tornou extremamente popular na fabricação de inúmeros produtos domésticos, brinquedos, tingimento de roupas, sabão, velas, cortinas e até para colorir produtos de confeitaria. Nos anos 1800, o verde de Scheele foi substituído pelo que parecia um produto melhor, com mais durabilidade e uma escala mais ampla de tons (HEMPEL, 2019). Contudo, era uma variante igualmente tóxica do verde de Scheele que passou a ser chamada de verde esmeralda ou verde de Paris (verde-paris). O verde-paris é o nome usual para o composto denominado de acetoarsenito de cobre, cuja fórmula química corresponde a $3Cu(AsO_2)_2.Cu(C_2H_3O_2)_2$, sendo descoberto em 1808.

O pigmento verde (verde-paris) foi muito utilizado para pinturas à tinta óleo, tornando-se famoso em inúmeras obras de arte pintadas durante o século XIX. O contato com o pó contendo o acetoarsenito de cobre causa irritação no nariz, na garganta e nos olhos, além da falta de ar. Quadros de Oscar-Claude Monet e Vicent Van Gogh utilizavam o acetoarsenito de cobre em suas obras (A ponte Japonesa e Ala no Hospital em Aries, por exemplo). Como se tratava de um composto tóxico (até então desconhecido na época), algumas pessoas que pintavam quadros apresentavam sintomas de envenenamento.

Prenda-me se for capaz! Depois de muitas investigações, a "culpa" foi atribuída ao verde-paris pelos casos de envenenamentos dos pintores, sendo excluído do "grupo" das tintas para quadros, contudo o verde-paris estava sendo utilizado em papel de parede.

De veneno a papel de parede

Um dos pioneiros do movimento artístico *Arts and Crafts* na Inglaterra vitoriana, William Morris (1834-1896), promoveu o uso do verde-paris em papéis de parede incorporando os pigmentos sintéticos (GRAY, 2011). O verde-paris se mostrava belíssimo nos papéis de paredes de diversas residências inglesas. O problema começou a ser observado quando nos úmidos invernos ingleses surgiam mofos nos papéis de parede. Essa umidade provocava uma reação química em que convertia o pigmento verde em um composto gasoso de arsênio, provocando a morte daqueles que estavam nos ambientes com os papéis de parede. Quanto mais úmido era o inverno e mais pigmento verde tinha no papel de parede das casas, mais doentes ficavam as pessoas (GRAY, 2011).

Prenda-me se for capaz! Na época os ingleses imaginavam que o problema de saúde estava vinculado ao clima. Quando o tempo estava bom e seco por alguns meses na Inglaterra significava que os moradores estariam se sentido bem melhor. Bastava mudar o clima que o número de pessoas doentes aumentava, isto é, acreditavam que o clima úmido (no inverno) era prejudicial à saúde. Essa era a hipótese das pessoas naquela época, talvez por desconhecerem que o "causador" dos problemas de saúde era o fato de estarem respirando o pó de arsênio (o verdadeiro responsável). O pó de arsênio ao se combinar com o oxigênio do ar formava uma substância tóxica que poderia causar a morte dessas pessoas.

Em 1839 Leopold Gmelin (1788-1853), um famoso químico alemão, observou que quartos úmidos com papel de parede verde muitas vezes possuíam um odor de rato, que ele atribuiu à produção de ácido dimetil arsênico (DMA) dentro do papel de parede (HASLAM, 2013). Gmelin relatou suas preocupações ao jornal alemão da época, *Karslruher Zeitung*, alertando à população contra a aplicação de papéis contendo pigmentos verdes de Scheele nas paredes de suas casas. Pouco tempo depois da divulgação do relatório, os noticiários no Reino Unido descreviam a morte de 4 crianças no distrito operário de Limehouse, em Londres, todas sofrendo de dores de garganta e problemas respiratórios (coincidência?). A causa da morte foi atribuída a difteria, porém o médico encarregado do caso não compreendia o diagnóstico dado, pois a casa que moravam as crianças não apresentava nenhum dos sinais que permitiriam a identificação da doença e nem havia casos dela na região.

Prenda-me se for capaz! O caso só foi esclarecido quando Henry Letheby, um oficial de saúde pública na época, descobriu que o quarto das crianças tinha sido forrado com papel de parede verde, detectando a presença de arsênio, o verdadeiro causador das mortes (HASLAM, 2013).

Em 1891 a noção de produção de gás arsênico foi reexplorada pelo médico italiano Barolomeo Gosio (1863-1944). Seu interesse foi despertado pela descoberta de que as pessoas ainda estavam sendo envenenadas por arsênio nos papéis de parede. Os experimentos realizados por Gosio mostravam que o arsênio poderia ser volatilizado do papel pigmentado por fungos, especificamente *Scopulariopsis brevicaulis*, que viviam no papel de parede. Gosio verificou também que os ratos que colocava junto do papel verde (verde Scheele e verde esmeralda) morriam em pouco tempo. Posteriormente, a condição clínica desenvolvida por quem respirava esse gás letal passou a ser conhecida por "doença de Gosio".

Prenda-me se for capaz! Gosio notou que o gás tinha um odor de alho e, como sua composição era desconhecida, batizou incorretamente de dietilarsina (o "gás Gosio"). Anos depois, em 1933, o composto foi identificado como sendo trimetilarsina, $(CH_3)_3As$, pelo químico inglês Frederick Challenger (HASLAM, 2013).

Nascido em 1769 em Córsega, uma ilha montanhosa do Mediterrânea na região francesa, Napoleão Bonaparte (1769-1821) foi um notório estrategista militar se destacando durante a Revolução Francesa e liderando várias campanhas militares de sucesso durante as Guerras Revolucionárias Francesas. Em 1804 autoproclama-se imperador francês, dando início a um período chamado "Império da França" (1804-1814). Ao perder a batalha de Leipzig (ou batalha das nações), Napoleão foi isolado na ilha de Elba. Ao fugir dessa ilha, Napoleão voltou à França para assumir o "Governo de cem dias" em 1815. Em busca de reassumir o poder, Napoleão Bonaparte acabou sendo novamente derrotado na Batalha de Waterloo. Desta vez, ele foi isolado na afastada ilha de Santa Helena, situada no Atlântico Sul. Nesta ilha, durante meses, ele apresentou dores abdominais, náuseas e febre. Quando não estava constipado, tinha diarreia. Perdeu peso e relatava ao seu médico constantes dores de cabeça, pernas fracas e desconforto sob luz forte. Em 5 de maio de 1821, Napoleão faleceu.

Prenda-me se for capaz! Os sintomas apresentados por Napoleão se aproximam muito das características de uma pessoa envenenada com arsênio. A famosa alegação de que Napoleão, vivendo no exílio em Santa Helena, foi envenenado por seu papel de parede é baseada na teoria de que ele foi exposto à arsina gerada pelo pigmento verde. Esta alegação é sustentada pelo fato do dentista e toxilogista sueco Sten Gabriel Bernhard Forshufvud formular e apoiar a teoria de que Napoleão foi assassinado, após ler os diários do cuidador de Napoleão na década de 1950. Forshufvud pediu a uma universidade escocesa que fizesse um teste de detecção de arsênio. A análise de ativação de nêutrons foi realizada nos cabelos da cabeça de Napoleão, e revelou níveis altos de arsênio em seu sistema. Embora essas evidências indiquem que Napoleão possa ter sido envenenado com o verde-paris presente nas paredes do seu quarto no seu exílio, outros cientistas e historiadores acreditam que esta pode não ter sido a verdadeira causa (O que você acha?).

Atualmente, os casos de envenenamento por arsênio são raros (mas não deixaram de existir); em 1958 o agente norte-americano Marcus Marymont foi condenado por usar arsênio como veneno, a vítima foi sua esposa. No Brasil, há uma suspeita bem mais recente de caso de envenenamento. A então deputada federal Flordelis foi acusada de tentar envenenar seu marido, o pastor Anderson do Carmo, desde 2018 ao inserir doses pequenas de arsênico na comida dele. O promotor do caso alega que até 2019, o esposo da deputada teve várias passagens na emergência de hospitais, com diarreia, vômitos e sudorese. Neste caso, Anderson não morreu em decorrência do envenenamento, porém teve um fim trágico sendo assassinado a tiros, um caso que ganhou grande repercussão nacional.

De vilão a herói

Ao longo dos séculos diferentes substâncias com propriedades maléficas foram descobertas, algumas acidentalmente outras oriundas de investigações, todavia diversas só foram conhecidas graças aos avanços da Química. Na china antiga os sulfuretos de arsênio (realgar, As_4S_4, e ouro-pigmento, As_2S_3) eram aplicados para tratar abcessos e úlceras (CALADO, 2012). As propriedades terapêuticas do ouro-pigmento eram boas para males como artrites, asma, malária, tuberculose, diabetes e doenças venéreas. Os arsênicos inorgânicos, sob a forma dos minerais realgar e arsenolita, foram usados para "tratar úlceras, doenças de pele e lepra" (HOUSECROFT; SHARPE, 2013, p. 374).

No século XIX, uma aldeia de camponeses nos Alpes Estírios, entre a Áustria e a Hungria, tomava arsênio como se fosse tônico. O hábito dos Estírios, consistia na aplicação do trióxido de arsênio sobre o pão e o toucinho com uma frequência de 2 a 3 vezes por semana.

No início do século XX, em Frankfurt, na Alemanha, o farmacologista Paul Ehrlich produziu um tratamento para doenças como a sífilis a partir do composto organoarsênio. O *Salvarsan* (do latim *salve*, que significa saudável, e *arsan*, de arsênio), nome comercial da Arsfenamina ($C_{18}H_{18}As_3N_3O_3$) se tornou o primeiro medicamento seguro o suficiente para ser administrado aos seres humanos e ser verdadeiramente eficaz contra as bactérias espiroquetas que causam sífilis. Este tratamento foi substituído pela penicilina, mas compostos organoarsênios ainda são usados para tratar tripanossomíase (conhecido como doença do sono), que é causada por um parasita no sangue (HOUSECROFT; SHARPE, 2013). O arsênio já foi combinado em tônicos para tratar malária, misturado com banha para fazer um creme "especial" para tratar sarna das pessoas, além de ser adicionado a cosméticos para melhorar a pele.

Já no final do século XX, por exemplo, médicos receitavam loções de arsênio para tratar dores lombares. Até ao final da década de 80, o trióxido de arsênio foi usado na desvitalização de dentes. O arsênio foi utilizado para o tratamento de diversas doenças, entre elas para ajudar no tratamento de câncer.

Pesquisas em laboratórios sugerem que os baixos níveis de arsênio inibem os receptores hormonais que ativam os genes supressores do câncer (HOUSECROFT; SHARPE, 2013). Em 2000, o medicamento contendo arsênio chamado Trisenox foi aprovado nos Estados Unidos para o tratamento da leucemia promielocítica aguda (e desde 2002 foi aprovado na Europa). O trióxido de arsênio tem sido utilizado como um tratamento para alguns tipos de leucemia e é administrado por via intravenosa como uma solução de baixa concentração devido à sua toxicidade. A combinação de trióxido de arsênio e ácido retinoico destrói uma enzima chamada Pin1 (responsável por "ativar" mais de 40 proteínas que alimentam um tumor, além de bloquear mais de 20 proteínas que poderiam suprimir seu crescimento) em modelos de células com leucemia, assim é aplicado a adultos diagnosticados com leucemia promielocítica aguda de baixo risco.

O arsênio também está presente em semicondutores, como no arseneto de gálio (GaAs) que é utilizado em circuitos integrados para frequência de microondas, diodos de *laser* e *LEDs*. A separação de energia entre as bandas é semelhante à do silício e maior que a de outros semicondutores dos grupos 13/15 (HOUSECROFT; SHARPE, 2013). A velocidade de operação de um transistor de GaAs é cinco vezes maior que a do transistor de silício. O GaAs é superior ao silício para estas aplicações porque ele tem uma mobilidade eletrônica maior e os componentes produzem menos ruído eletrônico, além de ser resistente a danos causados por exposição à umidade, radiação e luz ultravioleta. Os circuitos integrados do arseneto de gálio são geralmente usados em telefones móveis, satélites de comunicação e em alguns sistemas de radar.

Além disso, o arsênio também tem sido usado na fabricação de vidros especiais, na pirotecnia e na produção do bronze arsênico (liga metálica de bronze em que o arsênio substitui o estanho).

Arsênio, presente!

Calma! Calma! não iremos levar o arsênio para a sala de aula. Os relatos apresentados neste capítulo se constituem em uma excelente introdução à Química, pois entrelaçam informações históricas sobre o arsênio, suas propriedades e aplicações de uma forma que pode envolver os estudantes a conhecerem mais profundamente o mundo da Química.

Tratar sobre as reações redox a partir das reações envolvendo o teste de Marsh pode ser uma alternativa para o professor introduzir o conteúdo. As reações redox são um grupo de reações fundamentais na Química, estudadas em diferentes áreas, como química geral, físico-química, orgânica e inorgânica. O professor pode utilizar as narrativas dos casos apresentados aqui para contextualizar as discussões, o que provavelmente engajaria mais os estudantes. Além disso, é possível ao professor promover uma atividade experimental, demonstrando o funcionamento de alguns dos mecanismos descritos no teste de Marsh (pode-se até pensar em uma experimentação investigativa). A proposição de uma sequência didática também se mostra viável, contemplando uma das histórias de envenenamento, atividades experimentais e/ou teóricas.

Outro ponto que pode ser pensado pelo professor de Química para se trabalhar as propriedades do arsênio é realizar uma atividade interdisciplinar envolvendo a disciplina de História. Por exemplo, utilizar o contexto das guerras napoleônicas ou das brigas pelo poder do império romano. Nessas propostas, o professor pode também discutir sobre como os elementos químicos foram utilizados como "armas", explorando os conteúdos envolvendo a tabela periódica e, mais especificamente, as propriedades dos elementos.

Pensando em uma outra atividade interdisciplinar, o professor pode explorar junto à Biologia as ações e/ou complicações oriundas da ingestão do arsênio no organismo do ser humano, permitindo a compreensão deste processo, além da reflexão e dos perigos que este elemento químico apresenta.

Para além dos relatos históricos do arsênio, o professor de Química pode também fazer uso dos recursos didáticos digitais no processo de construção de conhecimento dos estudantes. Uma estratégia sugerida é que o professor recomende que os estudantes assistam ao filme "O Nome da Rosa" de 1986 (baseado no livro, homônimo, de Umberto Eco) que apresenta em seu enredo uma situação de envenenamento que pode ser explorada por ele. Questionamentos do tipo: que substância era utilizada pelo monge nos livros proibidos? As reações ao veneno são semelhantes ao envenenamento por arsênio? Dentre outras, mostram-se proveitosas e enriquecedoras. Lembrando que era muito comum na idade média e no início da idade moderna colocar arsênio nos livros para que as pessoas não os lessem, pois eram considerados livros proibidos e como muitos morriam lendo esses livros era associado a um castigo divino!

Por fim, meu caro Arsênio, você apresenta uma história ao longo dos séculos que este capítulo não conseguiria descrever por completo, mas é certo que suas características não foram totalmente compreendidas por muito tempo, talvez por isso, suas "ações" não eram tão bem conhecidas (e algumas pessoas não sobreviveram a esta "falta" de conhecimento sobre você). Sua história nos leva a acreditar que você, meu caro Arsênio, não é um elemento fácil de ser "pego" (ou identificado) e assim, se fosse possível ouvir você falando, certamente estaria nos dizendo: **Prenda-me se for capaz!**

Referências

ANDRADE, D. F.; ROCHA, M. S. A toxicidade do arsênio e sua natureza. *Revista Acadêmica Oswaldo Cruz*, v. 3, p. 102-111, 2016.

CALADO, J. *Haja luz!* uma história da química através de tudo. Instituto Superior Técnico: Lisboa, 2012.

GRAY, T. *Os elementos*: uma exploração visual dos átomos conhecidos no universo. São Paulo: Blucher, 2011.

HASLAM, J. C. Deathly décor: a short history of arsenic poisoning in the nineteenth century, *Res Medica*, v. 21, n. 1, p.76-81, 2013.

HEMPEL, S. *O pó do herdeiro*: uma história sobre envenenamento, assassinato e o início da ciência forense moderna. Record: Rio de Janeiro, 2019.

HOUSECROFT, C. E.; SHARPE, A. G. *Química inorgânica*. LTC: Rio de Janeiro, 2013.

MOTA, L.; DI VITTA, P. B. Química forense: utilizando métodos analíticos em favor do poder judiciário. *Revista Acadêmica Oswaldo Cruz*, v. 1, 2014.

WATSON, K. D. El envenenamiento criminal en Inglaterra y los orígenes del ensayo de Marsh para detectar arsénico. In: BERTOMEU SÁNCHEZ, J. R.; NIETO-GALÁN A. (Coord.). Entre la ciencia y el crimen: Mateu Orfila y la toxicología em el siglo XIX. *Cuadernos de la Fundación Dr. Antonio Esteve*, n. 6. Prous Science: Barcelona, 2006.

ELEMENTAR, MEU CARO...

MEU NOME É NIÓÓÓBIO!: ENTRE A CIÊNCIA QUÍMICA E A HUMANIDADE QUE PENSAMOS SER

Roberto Dalmo Varallo Lima de Oliveira
Bruna Adriane Fary
Alexandre Luiz Polizel

O senhor já ouviu falar em nióbio? O nióbio é o metal do próximo século...

Em uma propaganda eleitoral do ano de 1996 estão Enéas Carneiro, fundador do PRONA (Partido de Reedificação da Ordem Nacional) e Havanir Nimtz, candidata à Prefeitura de São Paulo. O curto vídeo, com aproximadamente 22 segundos de tempo de tela – o que mostra, no Brasil, poucas ou nenhuma coligação –, desenrola-se com os seguintes dizeres:

> [Enéas] O senhor já ouviu falar em nióbio? [Havanir] O nióbio é o metal do próximo século, que permite construir aviões supersônicos. [Enéas] E o Brasil é o maior produtor de Nióbio do mundo. Mais de 95% da produção mundial. Tudo vendido a preço irrisório. Meu nome é Enéas e a minha candidata a prefeita é a Doutora Havanir.

O discurso presente no vídeo enfatiza a importância de compreendermos sobre Ciência e Tecnologia, a respeito do mercado internacional e como indústrias e países do Norte global exploram a falta de informação para manter uma exploração, do caso do Nióbio, à preços baixos, ou, como diria Enéas: irrisório.

Alguns anos depois, voltamos a ouvir burburinhos a respeito do Nióbio e, ao utilizarmos o Google Trends[6] notamos que existem dois picos nos últimos cinco anos: o primeiro entre 4 e 10 de novembro de 2018; o segundo, entre 25 e 31 de agosto de 2019 (Figura 1). O que será que motivou tantas pesquisas sobre o nosso querido metal de transição com número atômico 41 - o Nióbio?

Figura 1 – Busca pela palavra Nióbio no Google Trends (Entre 5 de junho de 2016 – 5 Junho de 2021).

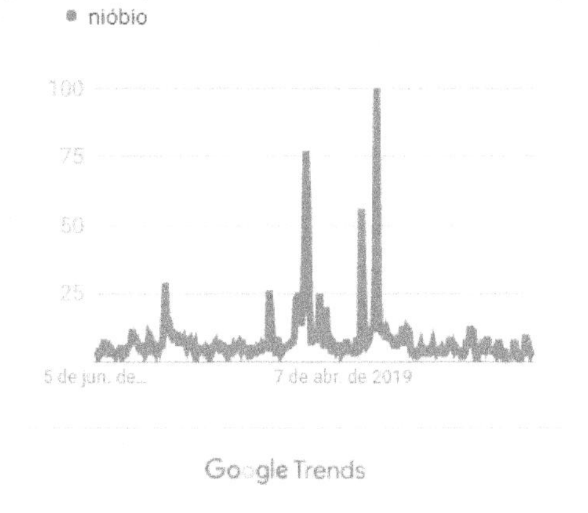

Fonte: Elaboração dos autores

Sim. Os picos foram mobilizados por acontecimentos relacionados à figura do então presidente Jair Bolsonaro – grande advogado do Nióbio como salvador da economia brasileira. Ah, não precisamos nem dizer que diversas pessoas que tiveram interesse por informações relacionadas ao Nióbio receberam notícias falsas, *taokei*!? Informações com várias fontes duvidosas em um terreno fértil para sua proliferação – os metais de transição. Quando você estudou a respeito deles? Pois é, você que estudou Química, se formou docente, e, provavelmente, pouco estudou sobre os metais de transição. Mas, para piorar a situação, aquele seu colega da turma do fundão que odiava Química, que passou colando, e nem pegou a tabela periódica para estudar, tornou-se bacharel diplomado pela universidade do Facebook® e com mestrado e doutorado na

[6] Ferramenta do Google que consegue quantificar o interesse de busca sobre um tema de acordo com data e região.

UniZapZap, no tema Nióbio. Diante dessa situação, tornou-se de grande importância falar a respeito do nosso ilustre metal. Para isso, dividimos este capítulo nas seguintes seções: 1- Por que o Nióbio é tão interessante quimicamente?; 2- *Fake news* e a disputa pelo controle das narrativas; 3- Nióbio: entre o indígena e o alienígena – questões sobre extrativismo e economias latino-americanas, questões ambientais e populações de sacrifício.

Por que o nióbio é tão interessante quimicamente?

O nióbio tem sua nomenclatura discutida ao longo do tempo. Em 1801, Charles Hatchett encontrou o colúmbio, nomenclatura inicial do nióbio, porém ainda não havia isolado o metal de sua matriz mineral. Já em 1844, quando o mineralogista e químico Heinrich Rose isolou este metal pela primeira vez, o nomeou como colúmbio de nióbio, em alusão a personagem mitológica Níobe, filha do rei Tântalo[7]. E em 1950, a IUPAC (International Union of Pure and Applied Chemistry), define a nomenclatura oficial para o metal, apenas como Nióbio. Após três anos da nomenclatura oficial, o Nióbio é encontrado em cristais de pandaíta $(Ba,Sr)_2(Nb,Ti,Ta)_2(O,OH,F)_7$, em Araxá, no estado de Minas Gerais. Com isso, a procura por jazidas de pirocloro $(Na_3,Ca)2(Nb,Ti)(O,F)_7O$ cresce e o preço do metal dispara no mercado mundial. Este mineral - pirocloro - possui alto teor de óxido de nióbio (Nb_2O_5), e suas reservas estão localizadas nos estados de Minas Gerais (Araxá) e Goiás (Catalão e Ouvidor) (BRUZIQUESI *et al.*, 2019).

O estado de Minas Gerais possui, no município de Araxá, a maior jazida de pirocloro lavrável de todo o globo terrestre, e a Companhia Brasileira de Metalurgia e Mineração (CBMM) é líder mundial nos processos que vão desde a extração até o desenvolvimento de produtos. A CBMM é detentora de toda produção nacional de óxido de nióbio, utilizado no emprego de diversas aplicações tecnológicas. O setor siderúrgico é quem detém grande parte da produção de nióbio e segundo Bruziquesi *et al.* (2019), os Países Baixos, China, Cingapura e Estados Unidos são os países que mais importam ligas Fe-Nb.

---

[7] O Rei Tântalo foi o mitológico rei da Lidia (ou Frigia de acordo com as traduções e vertentes mitológicas empregadas para análise), sendo este filho de Zeus e de Plota. Tântalo é conhecido na mitologia por ser aquele que roubou os manjares divinos e foi condenado a vagar pelo Tártaro sem conseguir saciar sua fome e sua sede.

O nióbio não é apenas quimicamente interessante, como mostram suas propriedades físico-químicas, descritas no Quadro 1, ele é economicamente, socialmente e ambientalmente valioso. O que confere a este elemento, habilidades únicas no desenvolvimento científico e tecnológico.

Quadro 1 – Caracterização do nióbio

Símbolo Químico: Nb
Número Atômico: 41
Massa Atômica: 92,906
Grupo da Tabela Periódica: 5
Configuração Eletrônica [Kr] $4d^4 5s^1$
Estado Físico: Sólido
Classificação: Metal de transição
Estados de oxidação: + 3, + 5

Ponto de Fusão: 2468 °C
Ponto de Ebulição: 4742 °C
Densidade: 8,57 g/cm^3
Eletronegatividade (Pauling): 1,6
Condutividade Térmica: 54,0 W/m. K
1º Potencial de Ionização: 6,88 eV

Fonte: Para que servem os elementos Químicos (VAITSMAN; AFONSO; DUTRA, 2001).

Os principais usos destinados ao nióbio são nas ligas, em vidros, baterias e catálise. Cerca de 80% do nióbio é usado em ligas e sua versatilidade permite a projeção de materiais que resistem a altas temperaturas e circunstâncias corrosivas. As ligas supercondutoras de nióbio estão presentes no Grande Colisor de Partículas (LHC), situado na fronteira entre França e Suíça. Microligas à base de nióbio são utilizadas na indústria automobilística, que fornecem leveza, e, portanto, são capazes de auxiliar na redução de consumo de combustível. Já o emprego de óxido de nióbio em vidros, ocorre tanto na fabricação de lentes, quanto de capacitores cerâmicos. O nióbio é utilizado também, no aprimoramento de vidros fosfatos, que por sua vez, apresentam ampla e significativa biocompatibilidade. Em baterias, devido a demanda por eletricidade, que é crescente, o óxido de nióbio é utilizado em baterias íons-lítio e fornecem capacidade volumétrica, podendo ser usado no armazenamento de energia. Os óxidos de nióbio também são de interesse no campo da catálise, devido suas características como estabilidade química e versatilidade. Pesquisas e patentes registram os usos desses sólidos inorgânicos em reações catalíticas.

O Brasil possui a maior reserva de nióbio do mundo, em operação, o que torna seus derivados estratégicos na movimentação da economia. Poderíamos concordar com Bruziquesi *et al.* (2019) que os compostos de nióbio são fontes de riquezas. Entretanto, para gerar riquezas econômicas é necessário a extração de recursos-riquezas naturais, e é nesse sentido que propomos politizar os elementos químicos, politizar o nióbio. Realizamos essa provocação para pensar na manutenção de nossas riquezas naturais, visto a emergência da crise ambiental mundial, e a desapropriação de territórios ocupados por comunidades indígenas. Compreendemos que politizar o nióbio é disputar seu significado, sua atuação e seu papel socioeconômico.

Como vimos, o nióbio é um metal de transição repleto de aplicações industriais e tecnológicas, que despertam interesses tanto de pesquisadores, investidores, como do governo. E é nessa última esfera que propomos discutir o eixo a seguir, junto às disputas de narrativas em torno desse metal, que passam a ocupar também, o espaço da pós-verdade em discursos salvacionistas.

Fake news e a disputa pelo controle das narrativas

Notícias Falsas, conhecidas anteriormente como "mentiras" não são *beeem* uma novidade. Entretanto, Ferreira (2018) aponta que a novidade reside no fato de que a audiência cada vez menos se importa se as informações que ela recebe são falsas ou não. Assim, somado a um cenário de redução da credibilidade da imprensa tradicional, proliferam-se plataformas de produção e distribuição de *Fake News*. Plataformas que, muitas vezes, são associadas a grupos e sujeitos políticos e que apresentam uma série de intenções explícitas que vão desde o domínio de narrativas à consolidação de candidaturas. Manipulação é a palavra! Assim, quando falamos em nióbio, não é diferente.

Wardle (2017) estabeleceu uma tipologia que nos ajuda a entender as *Fake News*: 1) *sátiras ou paródias*, não necessariamente buscam criar uma notícia falsa, mas podem enganar um leitor mais ingênuo; 2) *falsa conexão*, trazendo uma manchete que não condiz com a notícia; 3) *conteúdo enganoso*, utilizando-se de uma informação para difamar outro conteúdo ou pessoa; 4) *falso contexto*, conteúdo verdadeiro, mas compartilhado em

um contexto falso; 5) *conteúdo impostor*, usa-se o nome de uma pessoa ou marca, mas com informações irreais; 6) *conteúdo manipulado*, informações verdadeiras usadas para enganar o público; 7) *informação 100% falsa*, construída para causar algum mal estar e espalhar um boato[8]. Quando fazemos o exercício de buscar as principais *Fake News* espalhadas a respeito do nióbio percebemos que há possibilidades em diversas dessas categorias. É, meu caro, minha cara... O nióbio está de parabéns! Mais do que boas propriedades químicas, ele é um recordista de *Fake News*.
No que se refere ao item 4) da tipologia de *Fake News*, podemos trazer como exemplo o vídeo de um Caminhão sendo parado por uma cerca – tal vídeo, representado na Figura 2, é verdadeiro, porém, compartilhado em um contexto falso. Não existe uma informação sobre o fato dela ser uma cerca de nióbio.

Figura 2 – Caminhão sendo parado por uma cerca.

Fonte: <https://www.e-farsas.com/uma-cerquinha-feita-com-niobio-consegue-segurar-um-caminhao.html>. Acesso em 7 de outubro de 2021.

Essa *Fake News* contribui para criar uma sensação de importância do produto, além de impressionar aqueles que não conseguem imaginar a relevância dos materiais a partir de palavras como ligas, supercondutores etc.

---

[8] Tradução com base no texto disponível em: <https://www.redemagic.com/blog/internet/existem-7-tipos-fake-news-voce-conhece-todos/>. Acesso em 7 de outubro de 2021

Já no que se refere ao item 7) informação 100% falsa, podemos encontrar a notícia de que os chineses montaram uma cidade no meio da Amazônia para extrair Nióbio. Tais chineses, os mesmos que colocaram nano-robôs com 5g para nos rastrear (precisamos dizer que é irônico?), estariam roubando mais de 50 bilhões de reais POR DIA![9] Sim, essa "Fake" foi desmentida, mas, o que ela contribuiria para estimular? Uma das respostas possíveis é um senso de urgência e proteção daquilo que pertence ao Brasil. Urgência para que tal minério seja extraído. Esse senso de importância, atrelado ao medo do outro.

Apresentamos dois exemplos dado ao nosso curto espaço, porém, se você, meu caro, minha cara, fizer o mesmo esforço, acharão muitas e muitas notícias falsas desse que é "o elemento químico que mais mobilizou *Fake News* nos últimos anos", segundo o *The New York Times*. Opa! Calma aê. Essa informação a gente acabou de inventar. Precisamos ficar atentos(as), sempre.

O universo das *Fake News* fez com que a gente criasse representações sobre o nióbio como "salvador do Brasil", "um metal inexplorado graças aos políticos corruptos", entre outras. Porém, muito do entendimento discursivo não está no dito, mas, no "não dito". Orlandi (2010, p.82) nos alerta que "O posto (o dito) traz consigo necessariamente esse pressuposto (não dito, mas presente)".

Assim, podemos trazer algumas reflexões: se o nióbio é um elemento salvador do Brasil, aqueles que o defendem, desejam "salvar o Brasil"? Se o Nióbio é inexplorado graças aos políticos corruptos, aqueles que buscam a sua exploração, são, então, incorruptíveis? O que as *Fake News* sobre o Nióbio contribuem para a formação de representações (HALL, 2016 p. 32) sobre seus defensores?

Muitas *Fake News* nos ajudam a perder o foco. Distrair a mente dos desligados e desfocar, mediante ao montante de informações que recebemos. Faz com que não percebamos algo que está sob solo brasileiro: o nióbio, a questão indígena e as concepções de desenvolvimento que criamos ao longo de todos os nossos processos educativos. Esse será o tema da nossa próxima seção.

---

[9] Disponível em: <https://www.boatos.org/brasil/china-construiu-cidade-floresta-roubar-niobio-brasil.html>. Acesso em 7 de outubro de 2021

Nióbio: entre o indígena e o alienígena

O nióbio, metal quimicamente importante para nos levar ao espaço, é utilizado como "desculpa" para uma série de tentativas de invasão de Terras Indígenas demarcadas. Eduardo Viveiros de Castro (2017), em sua palestra "Os involuntários da pátria" nos remete à noção do "Branco" como "inimigo".

> "O antônimo de "indígena" é "alienígena", ao passo que o antônimo de índio, no Brasil, é "branco", ou melhor, as muitas palavras das mais de 250 línguas índias faladas dentro do território brasileiro que se costumam traduzir em português por "branco", mas que se referem a todas aquelas pessoas e instituições que não são índias. [...] As palavras índias que os índios traduzem por "branco" têm vários significados descritivos, mas um dos mais comuns é "inimigo", como no caso do yanomami napë, do kayapó kuben ou do araweté awin. (VIVEIROS DE CASTRO, 2017 p. s/n)

Somos, de fato, inimigos? Somos, sim. Há mais de 500 anos trazendo pandemias, extinguindo culturas, matando, estuprando, extraindo os mais diversos tipos de riquezas, colocando-os em um status de sub-humanidade. A noção de nióbio como salvador do país, além de falsa, é perversa. Ela possui, como premissa, o extrativismo[10] como *modus operandi*. Para quem nunca ouviu falar em extrativismo, podemos dizer que, a história global do capitalismo começa a ser estruturada a partir da conquista e colonização de América, África e Ásia. Essas regiões forneciam matérias primas às suas Metrópoles. Justo, não é? Não! As metrópoles ficavam com todos os benefícios dos minerais. E as colônias? Às colônias restou uma generalização da pobreza, com grandes desigualdades, mentalidades rentistas, baixa institucionalidade democrática, corrupção e deterioração do meio ambiente. Bens industriais importados e matérias-primas exportadas que, como *commodities*, são definidos pela lógica do mercado mundial (ACOSTA, 2016).

---

[10] Para Acosta (2016) o termo extrativismo se refere às atividades que removem grandes volumes de recursos naturais não processados (ou processados apenas parcialmente) e que se destinam sobretudo à exportação, não se limitando apenas aos minerais ou ao petróleo, mas também ao extrativismo agrário, florestal e pesqueiro (p.50)

Em documento datado de 1991, Lawrence Summers, economista chefe do Banco Mundial, escrevia a favor do incentivo à migração de indústrias poluentes para os países "menos desenvolvidos". Para ele, tais pontos justificariam a decisão:

> "1) O meio ambiente seria uma preocupação 'estética' típica apenas dos bem de vida; 2) os mais pobres, em sua maioria, não vivem o mesmo tempo necessário para sofrer os efeitos da poluição ambiental. Segundo ele, alguns países da África ainda estariam subpoluídos. Nesse sentido, lamentou que algumas atividades poluidoras não fossem diretamente transportáveis, tais como produção de energia e infra-estrutura em gera; 3) pela 'lógica econômica, pode-se considerar que as mortes em países pobres têm um custo mais baixo do que nos países ricos, pois seus moradores recebem salários mais baixos" (ACSELRAD; MELLO; BEZERRA, 2009, p.7)

As reflexões acerca do nióbio como uma forma de "salvar" o país constituem a manutenção de um sistema econômico extrativista, da posição do Brasil como colônia dos países do Norte Global. Uma colônia sem "colonização", propriamente dita - como estudamos na escola - , mas com diversas chagas em nossa constituição (MALDONADO-TORRES, 2018). Essas marcas nos aproximam do "Branco" enquanto "inimigo". Inimigo que mata por uma concepção de "desenvolvimento" importada do Norte Global e aprendida por meio de uma Ciência Química que, entre indígenas e alienígenas, deixa marcas de sua desumanização. Qual o custo, em sangue, do desenvolvimento?

Algumas considerações: por uma química humanizada

A Química que ensinamos possui um compromisso com o presente, com o futuro que desejamos e com a leitura de mundo que fazemos. Certo dia Marcelo Andrade, no prefácio do livro Olhares sobre a (In)diferença (OLIVEIRA, QUEIROZ, 2015), nos disse:

> O ensino de ciências pode ser, ao contrário do que comumente se pensa, um importante aliado dos pesquisadores e militantes do campo do multiculturalismo e dos direitos humanos. Por ocupar o suposto lugar de "revelador da verdade", o discurso sobre as ciências – e o seu ensino – devem ser capazes de se repensar e contribuir para que este

> mundo seja, antes de tudo, um mundo habitável, um mundo para todos e todas. Segundo o Comandante Marcos, "um mundo onde caibam todos os mundos. [...] Que sejamos, cada vez mais, capazes de educar para viver e conviver no mundo, com toda a pluralidade que nele está. (ANDRADE, 2015 p. 15)

Nessa perspectiva, não podemos esquecer que os significados de Humano e Humanidade estão em constante disputa e são tensionados por estruturas como o Capitalismo, o Colonialismo e o Racionalismo. Esses três "amiguinhos" ditaram e, ainda ditam, quem adquire o status de Humano e quem é considerado sub-humano, promovendo o mundo de alguns e os fins-de-mundo de outros (FARMEI!#5). Essa disputa de significados, para além dos espaços macropolíticos, emerge no cotidiano das salas de aula e, em nossa Ciência Química. A valorização do metal Nióbio e de suas potencialidades para uma noção de desenvolvimento não pode ser tomada como verdade absoluta e postulada de forma ahistórica, descontextualizada e despolitizada. Um Ensino de Química humanizado se faz necessário para que possamos politizar os saberes e usos da ciência Química.

Referências

ACOSTA, A. Extrativismo e Neoextrativismo. (In) DILGER, Gerhard, LANG, Miriam, PEREIRA FILHO, Jorge. *Descolonizar o imaginário*: debates sobre pós-extrativismo e alternativas ao desenvolvimento. São Paulo, Fundação Rosa Luxemburgo. 2016.

ANDRADE, M. Prefácio. (In) OLIVEIRA, R. D. V. L.; QUEIROZ, G, R. P. C. *Olhares sobre a (in)diferença*: formar-se professor de ciências a partir de uma perspectiva de educação em direitos humanos. São Paulo, Editora Livraria da Física, 2015.

ACSELRAD, H.; MELLO, C.C.A; BEZERRA, G.N. *O que é Justiça Ambiental?* Rio de Janeiro: Editora Garamond, 2009.

BRUZIQUESI, C.G.O. *et al*. Nióbio: um elemento químico estratégico para o Brasil. *Química Nova*, v. 42, p. 1184-1188, 2020.

FARMEI!#5: The Last of Us - Ciências-Filosofias-Educações para os fins de mundo. Entrevistado: Alexandre Luiz Polizel. Entrevistadores: Mayara Melo, João Tenório, Roberto Dalmo, Paloma Bezerra. [S.l]: GEECCplay, (28 Out. 2020). Podcast. Disponível em: https://anchor.fm/farmeipodcast/episodes/Farmei--5---The-Last-of-Us---Cincias-Filosofias-Educaes-para-os-fins-de-mundo-elmmdi . Acesso em: 24/09/2021.

FERREIRA, R.R. Rede de mentiras: a propagação de fake news na pré-campanha presidencial brasileira. *Observatorio (OBS*)*, v. 12, n. 5, 2018.

HALL, S. *Cultura e Representação*. Rio de Janeiro. Editora Puc-Rio, 2016.

MALDONADO-TORRES, N. Analítica da colonialidade e da decolonialidade: algumas dimensões básicas. *Decolonialidade e pensamento afrodiaspórico*, v. 2, p. 27-53, 2018.

ORLANDI, E. *Análise do Discurso*, Campinas: Editora Pontes, 2010.

OLIVEIRA, R. D. V. L.; QUEIROZ, R. P. C. *Olhares sobre a (in)diferença*: formar-se professor de Ciências a partir de uma perspectiva de Educação em Direitos Humanos. São Paulo: Editora Livraria da Física, 2015.

VAITSMAN, Delmo, S; DUTRA, Paulo B.; AFONSO, J. C. *Para que servem os elementos Químicos*. Rio de Janeiro: Interciência, 2001.

VIVEIROS DE CASTRO, E. *Os involuntários da pátria*: elogio do Subdesenvolvimento. Caderno de leituras, n. 65, p. 1-9, 2017.

WERLE, C. Fake News: it´s complicated. *First Draft*, 16 de fevereiro de 2017. Disponível em: <https://firstdraftnews.org/articles/fake-news-complicated/>. Acesso em: 24/09/2021

ELEMENTAR, MEU CARO...

Molibdênio por ele (eu) mesmo

Alex Magalhães de Almeida

Molibdênio:
Todo metal tem sua história de descoberta...
Todo metal tem cor característica...
Todo metal tem caracteres físico químicos que o distingue dos outros...
Mas eu sou um pouco diferente...
Deixem que eu conte a minha história e como eu sou...

Como eu surgi no universo

Primeiramente, devo pedir licença e perdão, a todos que contam com uma descrição estritamente técnica! Como autor deste texto, vou abusar da licença poética, e permitir que o elemento se manifeste através de minhas letras. Permitam-se "escutar" as palavras de Molibdênio... Permitam-se imaginar sentados ao redor de uma fogueira, em algum lugar do Universo, ouvindo esta história...

Permitam-se um pouco de diversão, imaginando que todos os demais elementos estão ali, como seres convidados a participar de um grande sarau...

E com este pensamento passo a palavra ao elemento 42 do nosso compêndio periódico. Esse indivíduo que possui massa atômica 95,95 u, sendo localizado no quinto período e na sexta coluna da tabela periódica!

Ele tem muito mais a nos dizer!

Fique à vontade Molibdênio!

Obrigado a todos pela presença...

Obrigado por permitirem que eu conte a minha história, e parte da de outros também...

Por onde eu posso começar?

Se eu iniciasse com a frase: no princípio era o verbo e o verbo fez-se carne! Provavelmente a maioria dos presentes iria se levantar e deixar o recinto. Mas, fiquem calmos...

Não vou ser sensacionalista ou um elemento populista...

Isto não tem valor entre nós!

Somos todos seres forjados na expansão deste ambiente denominado Universo, e é neste aspecto que começo a minha história.

Todos que aqui se encontram, sabem que nos primeiros breves instantes da expansão o Universo aumentou seu tamanho de forma descomunal.

E mesmo não havendo pessoas que pudessem averiguar esses fatos, pois, somente em um futuro distante a teoria da expansão seria anunciada por George Gamow e Georges Lemaître (FARRELL, 2005), e a partir deste momento, o conhecimento a respeito da existência de tudo, poderia ser explicado.

Naqueles tempos, nós não existíamos!

Havia sim, uma grande mistura! Uma verdadeira "sopa primordial" de partículas subatômicas!

Sim meus caros, os quarks, os neutrinos, os glúons, e outras tantas partículas é que se moviam em todas as direções e sentidos...

Alguns instantes depois... E isso pode até parecer uma piada, pois não se pode precisar este tempo em uma contagem humana.... Porém, pode-se tratar como uma etapa na criação do que hoje é denominado Universo!

Como eu ia dizendo, instantes após as partículas subatômicas aparecerem, começou a surgir também as primeiras partículas atômicas!

Consideradas como partículas pesadas, surgem os prótons e os nêutrons!

Estes por sua vez, em uma escala de tempo, considerada absurda para algumas pessoas, começam a associar-se entre si e aos elétrons (que são subatômicos, semelhante aos quarks e neutrinos).

Desta associação, nascem os elementos primordiais!

Aparecem os primeiros de todos nós!

Hidrogênio!

Hélio!

E não menos importante, você Lítio!

Vocês foram os primeiros a vislumbrar a imensidão!

Pois, foi neste momento que este lugar que chamamos de casa...

Este lugar que é o Universo físico que conhecemos, permitiu que a energia radiante, a luz, viajasse por toda sua extensão!

O Universo, que antes era algo denso e superaquecido, resfria-se e torna-se transparente.

Hidrogênio e Hélio aglomeram-se em gigantescas nuvens, e desses lugares nascem as estrelas!

E como isto ocorreu? Podem alguns perguntar! E eu vou responder de forma direta e simples:

Naqueles berçários, a densidade dessas nuvens era muito grande! Algumas pessoas calcularam que seria em torno de 10^{12} partículas por m^3.

Este valor é grande o bastante para que os nossos antepassados, os átomos de hidrogênio se aglutinem e formem moléculas estáveis.

Nestas condições a gravidade predomina sobre vários outros fatores e propicia um colapso nas nuvens em um dado ponto, e neste momento tem início as reações de fusão nuclear!

E estas reações irão acender as estrelas, as fornalhas das quais todos nós somos originados!

Não quero ser enfadonho, mas vale a pena recordar um pouco da nossa elementaridade, ou se quiserem, da nossa genealogia elementar. Se vocês ainda me permitem, devo dizer que tudo se inicia com prótons (p), hidrogênio (H) e hélio (He). (HORVATH, 2011)

$$p + p \rightarrow 2H + e^{+} + \text{radiação}$$
$$p + H^{2} \rightarrow He^{3} + \text{radiação}$$
$$He^{3} + He^{3} \rightarrow He^{4} + p + p$$

E este processo continua com a formação dos demais componentes da nossa família: o lítio, o berílio, o boro, o carbono, o nitrogênio e o oxigênio, tudo isto para que a uma estrela consiga viver por alguns milhões de anos!

Isso usando o que a humanidade da Terra, definiu como tempo.

Os átomos de carbono, nitrogênio e oxigênio, que já se encontram no interior das estrelas, agem como os catalisadores em reações químicas: sua composição não se altera ao longo da cadeia de reações, mas sempre existe algo novo sendo criado. Dependendo do tipo de estrela que foi formada, o hélio combina-se com carbono para produzir elementos mais pesados, e outras combinações também podem ocorrer na seguinte ordem:

O carbono se funde com o hélio e produz o elemento oxigênio.
O oxigênio se funde com o hélio e produz o elemento neônio.
O neônio se funde com o hélio produzindo o elemento magnésio.
O magnésio se funde com o hélio produzindo o elemento silício.
O silício se funde com o hélio produzindo o elemento enxofre.
O enxofre se funde com o hélio produzindo o elemento argônio.
O argônio se funde com o hélio produzindo o elemento cálcio.
O cálcio se funde com o hélio produzindo o elemento titânio.
O titânio se funde com o hélio produzindo o elemento cromo.
O cromo se funde com o hélio produzindo o elemento ferro.

Todos esses elementos, ajudam a estrela a obter energia, e viver por milhões de anos. Mas, chega um momento em que cada um desses elementos criados, vão formar uma camada concêntrica ao redor do núcleo da estrela! Eles vão se ordenar de uma maneira decrescente em relação à densidade, do centro para fora!

E quando essas estrelas que possuem pequena quantidade de massa, iniciam a formação da camada de ferro! Ocorre que a energia gravitacional supera a energia de expansão gerada pelas fusões nucleares.

E isto provoca inicialmente, uma expansão do material estelar!

Nasce uma gigante vermelha!

E esta, ao ejetar suas cascas para o espaço sem fim, forma o material que irá originar a "nuvem planetária". E na sequência, ocorre a contração do núcleo dessa estrela, que se torna uma anã branca.

E um detalhe, eu ainda não surgi! Sou muito mais pesado que o ferro!

Como eu apareci? Muito simples!

Existem estrelas com grande quantidade de massa!

Elas possuem muita massa mesmo! E é nestes ambientes que a gravidade comprime os elementos formados nas respectivas camadas de tal forma, e com tal intensidade, que o núcleo estelar despenca sobre ele mesmo!

E quando isso ocorre, neste colapso de massa sobre massa, nasce uma estrela de nêutrons! E pouco tempo depois, ela explode como uma supernova!

Durante essa explosão, da mesma forma que ocorre em nuvem planetária formada pelas estrelas menos massivas, há a ejeção do todos os elementos formados até então para o espaço circundante.

Entretanto, como vocês já devem ter imaginado, é num momento como este, que eu surgi! Pois no momento em que as estrelas agonizam em um intenso brilho, ou fisicamente falando, durante o processo de formação da supernova, todos os demais elementos mais pesados que o ferro, são formados! E eu Molibdênio sou um deles!

Eu sou filho de um intenso brilho estelar!

Posso realmente dizer, que a maior parte dos metais pesados são filhos da luz! E eu sou um deles!

Qual a minha utilidade neste mundo?

Devo confessar que habito estas paragens há muito mais tempo que alguns outros, mas eu sou um elemento proveniente das explosões de supernova, e encontro-me neste mundo denominado Terra.

Ou seja, eu sou um forasteiro, um estrangeiro, e estou aqui neste planeta!

Eu nunca fui encontrado de forma isolada, ou como os seres humanos costumam dizer: “puro”.

Normalmente, estou na companhia de vários outros elementos, e somos denominados minerais (conforme a Tabela – 1). Notem que sempre estou bem acompanhado, e por esse fato demoraram a me isolar.

Tabela 1 – Principais minérios de molibdênio encontrados no planeta Terra

Mineral	Fórmula química
Koechlinita	$(BiO)_2MoO_4$
Umhoita	$UO_2MoO_4{*}4H_2O$
Chilliagita	$Pb(Mo,W)O_4$
Wulfenita	$PbMoO_4$
Ilsemanita	$MoO_3O_8{*}nH_2O$
Lindgrenita	$Cu_3(MoO_4)_2(OH)_2$
Ferro-molibdênio	$Fe_2(MoO_4)_3{*}8H_2O$
Mourita	$UO_2{*}5(MoO_2(OH)_2)$
Powelita	$Ca\ MoO_4$
Molibdenita	MoS_2

Fonte: Adaptado da dissertação de SOUZA (2014).

Em minha longa história, somente no fim do século XVIII, os compostos de Molibdênio deixaram de ser confundidos com os de outros elementos. Sim, meus amigos! Eu era confundido com o carbono ou o chumbo. Isto não é um demérito, mas a minha identidade precisava de ser estabelecida!

E no ano de 1778, um senhor de nome Carl Wilhelm Scheele, conseguiu verificar experimentalmente que eu era diferente do grafite e do chumbo, ou seja, ganhei minha identidade finalmente.

O meu nome vem da palavra grega molygdos, que significa chumbo, daí se explica parte da confusão, mas em 1778, Scheele provou que a molibdenita não tinha nem chumbo e nem grafite, e isto foi providencial! Pois permitiu que eu fosse nomeado, adquirindo enfim, a individualidade elementar.

Eu apresento características consideradas essenciais para quase todas as formas de vida no planeta Terra, e posso ser usado na fabricação de inúmeros materiais.

Sou considerado um metal durável, resistente, leve e confiável.

Possuo um grau relativamente baixo de expansão térmica, sou adequado para ser utilizado em altas temperaturas, e lógico, eu possuo alta resistência à corrosão.

Meu ponto de fusão é elevado, cerca de 2160ºC, tenho uma densidade de 10,22 g/cm^3. Apresento boa condutividade térmica, e justifico isso pela minha criação! Hehehehehe! Lembrem-se: eu vim de uma supernova!

Eu também possuo uma grande resistência à corrosão, posso ser utilizado em ligas à base de níquel. Sou empregado como catalisador no refino de petróleo, e em eletrodos para fornos de aquecimento elétrico, em reatores nucleares, em partes de aviões e mísseis, em aços de elevada resistência, como lubrificante para altas temperaturas, na nutrição de plantas e em filamentos para componentes elétricos e eletrônicos.

Sou um elemento de características únicas, afinal a minha individualidade tem de ser garantida! E somente eu garanto propriedades interessantes a aços e ferros fundidos. Por exemplo, em ligas de aço onde eu estou presente, a resistência desses materiais aumenta, e a corrosão é inibida.

Para que todos tenham uma noção da minha gama de utilidades, as novas baterias de lítio-ar apresentam uma maior capacidade de ciclos em seu uso, e isto só é possível, devido à utilização de um de meus compostos, no caso o dissulfeto de molibdênio, que proporciona a geração de uma fina camada protetora, que não reage na presença do ar, e isto faz a bateria ter um maior período de existência.

Eu proporciono em um outro tipo de pilha, as de lítio-enxofre, um ajuste na espessura do material de revestimento, fazendo este ser mais fino que um tecido de seda de teia de aranha. E o que isso melhora? Bem, isso melhora a estabilidade da bateria e compensa a baixa condutividade do enxofre, tornando essas baterias mais viáveis comercialmente.

Eu sou também utilizado na medicina, como um poderoso oligoelemento antioxidante e desintoxicante do organismo. E se ficou parecendo uma propaganda fajuta, é porque os humanos fazem isso com naturalidade, e eu acabo assimilando estas palavras.

Mas, eu realmente possibilito a diminuição da formação de radicais livres, auxílio na melhora das condições de fertilidade, no combate à anemia, e na formação de enzimas digestivas.

Apresento-me como um mineral importante no metabolismo de proteínas. Na forma de um micronutriente, eu posso ser encontrado na água não filtrada, no leite, em favas, ervilha, queijo, vegetais de folhas verde, feijão, pão e cereais, e sou muito importante no funcionamento correto do corpo humano. Sim, pois a minha presença garante que sulfitos e toxinas não vão se acumular no organismo, aumentando o risco de doenças, inclusive de câncer. Eu ainda auxílio no combate ao envelhecimento precoce, previno inflamações, doenças metabólicas.

Sou encontrado no solo, onde as plantas me utilizam como nutriente a partir dos meus íons solubilizados na solução do solo. Desta forma, os seres vivos animais, ao consumirem as plantas, consomem indiretamente meus íons. O mesmo acontece quando consomem carnes de animais que se alimentam de plantas. É o caso de animais como bovinos, equinos e ovinos, notadamente posso destacar o fígado e os rins.

Na agricultura, eu atuo como um nutriente para os diferentes cultivos. Consigo possibilitar um aumento de até 16%, em termos de produtividade para a planta soja e de aproximadamente 6% na quantidade de proteína dos grãos de soja produzidos.

As plantas apresentam uma vivacidade maior devido a minha presença. E isto acontece pois, devido ao uso de fertilizantes foliares contendo molibdênio, permitem às plantas a possibilidade de converter o nitrogênio em amônia melhorando o seu metabolismo e resultando em melhor florescimento, frutificação e consequentemente, maior produtividade.

Neste momento, acho que posso envaidecidamente perguntar:

Sou o cara, não sou?

Eu já sei a resposta, mas deixo o julgamento final a você que me escuta através dessas letras.

A minha ausência ou carência nos seres vivos, animais ou vegetais, é um acontecimento raro! Pois, a necessidade dos diferentes seres, relacionadas a minha presença, é de que eles precisam de muito pouco em sua alimentação. Entretanto, pode acontecer raros casos de subnutrição prolongada, e considerando este aspecto, os seguintes sintomas podem acontecer: aumento da frequência cardíaca, dificuldade respiratória, náusea, vômito, desorientação e, até mesmo o coma.

Uma overdose pode ocorrer também e, neste caso, a minha excessiva presença ocasiona: um aumento da concentração de ácido úrico no sangue e dores articulares.

As ciências de desenvolvimentos do tipo I.A. (inteligência artificial) utilizam da minha presença nos diferentes processadores para aumentar a velocidade de trânsito das informações. Saibam que a memorístores (ou memotransístores) são a base da computação neuromórfica, ou seja, o desenvolvimento de artefatos computacionais baseados em processadores que imitam a forma de operar, ou trabalhar, do cérebro humano.

Um memotransístor é construído com dissulfeto de molibdênio que, é atomicamente um item de pouca espessura, sendo facilmente influenciado pelo campo elétrico aplicado a ele. E desta forma, proporciona múltiplas conexões e permite simular sinais semelhantes as sinapses. Vale dizer que nesse tipo de uso, a aplicação em processadores de uma única camada atômica, o mineral denominado molibdenita, tem apresentado vantagens em relação ao grafeno pois, ao contrário deste, este mineral possui propriedades naturais de um semicondutor.

Inúmeros projetos de pesquisa são desenvolvidos pelos seres humanos, visando me conhecer melhor, e eu digo sempre: tenho muito a revelar, pois eu sou filho de explosões estelares! Sou considerado essencial para plantas e alguns seres vivos animais! Serei em futuro breve um dos responsáveis pelo avanço tecnológico da sociedade humana!

E você!

Que até o presente momento, lê essas palavras.

Sabe que sou um elemento inanimado e parte de uma tabela chamada de periódica!

Entretanto, posso ver o seu sorriso neste momento, pois você realmente desejava que os meus outros colegas de tabela, pudessem lhe contar a sua história, assim como eu o fiz! Por este motivo eu lhe digo:

Obrigado por me "escutar"!

E se quiseres saber mais da minha elementaridade, aguarde o desenrolar das eras, pois ainda tenho muito a contar, e algumas histórias aconteceram enquanto o autor deste capítulo escrevia. Não deixe de querer saber mais sobre a minha existência!

Afinal...

Meu nome é: Moli. Molibdênio

Referências

FARRELL, J. *The Day Without Yesterday: Lemaitre, Einstein, and the Birth of Modern Cosmology*. Thunder's Mouth Press, New York: 2005.

HORVATH, J.E. *Fundamentos de Evolução Estelar, Supernovas e Estrelas Compactas*. Ed. Livraria da Física, São Paulo, 2011.

HUSSEIN, G. *Nucleossíntese dos elementos e astrofísica nuclear*. Revista USP, Professores do Instituto de Física da USP - Instituto de Física da USP. 2004.

MACIEL, W. J. *Fundamentos de Evolução Química da Galáxia*. IAG-USP, São Paulo: 2020.

SOUZA, A. C. S. *Produção de molibdênio metálico a partir da molibdenita de Carnaíba (BAHIA)*. Universidade Federal da Bahia, Escola Politécnica – Dissertação de Mestrado. Salvador: 2014

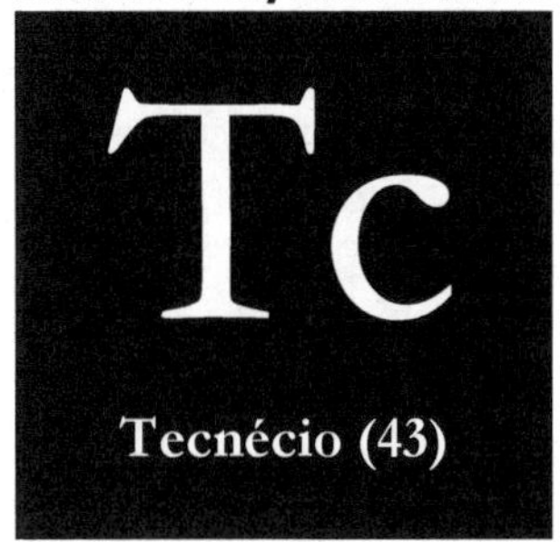

TECNÉCIO - ELEMENTO RADIOATIVO DE MENOR MASSA ATÔMICA

Elias Yuki Ionashiro

Introdução

O Tecnécio é o elemento de número atômico 43, e pertence ao grupo 7 no 5 período. Na classificação periódica ele está entre o Molibdênio e o Rutênio. Essa informação é importante, mas vamos chegar lá. Ele apresenta diversas formas isotópicas (^{95}Tc, ^{96}Tc, ^{96}Tc, ^{98}Tc e ^{99}Tc), e nenhuma delas se apresenta de forma estável, ou seja, todas são radioativas. Esta estabilidade varia entre tempos de meia vida de 0,3 segundos a 270 milhões de anos.

O Interessante do tecnécio é que ele pode ser encontrado em pequenos traços em algumas rochas. Como o tempo de decaimento dele é muito menor que a idade do nosso planeta, então supõe-se que o Tecnécio que poderia ter sido criado juntamente com o planeta Terra já não existe mais, e que o que encontramos hoje é fruto do decaimento de outros elementos

O Tecnécio foi o primeiro elemento artificial criado pelo ser humano. Seu nome é derivado do grego Technitos (τεχνητός) que do grego significa artificial. É o elemento radioativo de menor número atômico, e seu uso principal hoje é na forma de Isótopo ^{99m}Tc que é a forma metaestável do ^{99}Tc. Seu uso está na produção de rádio fármacos, mais especificamente na tecnologia de imagem de órgãos, utilizando uma técnica chamada cintilografia que vai ser descrita no decorrer do texto.

A descoberta do tecnécio

Quando Mendeleieve estava organizando a tabela periódica dos elementos, percebeu que havia algumas lacunas, que ele atribuiu à elementos que ainda não tinham sido descobertos até então. Um exemplo disso foi o elemento que se situaria abaixo do silício e acima do estanho que ele deu o nome de eka-silicio, que hoje é conhecido como Germânio. Outro elemento seria o de massa atômica 100 que estaria situado entre o Molibdênio e o Rutênio, que foi dado o nome de ekamanganês. Em 1913 e 1914, Moseley descobriu que o número atômico dos elementos, era proporcional a raiz quadrada da frequência da emissão L ou K do espectro de raios X, e então supôs que o elemento perdido teria o número atômico 43, que é hoje o que conhecemos como o Tecnécio.

Em 1925, os pesquisadores de Walter Nodack, Ida Tackle e Otto Berg descobriram o elemento de número atômico 75, encontrado em minerais de platina, esse elemento foi batizado como Rênio, mas junto a este novo elemento, eles perceberam a presença de espectros que indicariam a presença do elemento de número 43. Porém, apesar dos cientistas conseguirem isolar 2 mg de Renio, eles não conseguiram isolar o elemento 43, então sem evidências, eles não puderam provar a existência deste composto. Historicamente o Rênio foi o último elemento natural estável a ser descoberto.

A primeira evidência conclusiva do elemento 43 foi em 1937, feita por Perrier e Segrè. A ocorrência do Tecnécio foi uma consequência da invenção do cíclotron (um tipo de acelerador de partículas). Quando uma placa de Molibdênio foi irradiada por um feixe de deutério por um período de vários meses, ela começou a apresentar radioatividade que era causada por vários elementos radioativos, gerados por esse bombardeio. Depois de diversos testes foi possível de se isolar o elemento de número 43 e determinar algumas de suas propriedades químicas e físicas, sendo proposto então o nome do novo elemento de Tecnécio (artificial em grego) pois ele foi o primeiro elemento artificial criado até então.

Busca pela ocorrência natural do tecnécio

Em 1943, Matauch publicou um estudo sobre a estabilidade dos núcleos atômicos que pares isóbaros estáveis, não existem quando eles diferem por apenas um número atômico. O que isso significa? Vamos voltar ao fato de o Tecnécio (Z= 43) estar do lado do Molibdênio (Z=42) e do Rutênio (Z=44). Os isótopos estáveis conhecidos do Rutênio eram o ^{96}Ru, ^{98}Ru, ^{99}Ru, ^{100}Ru, ^{101}Ru, ^{102}Ru, ^{104}Ru, o Molibdênio possuía os isótopos estáveis de ^{94}Mo, ^{95}Mo, ^{96}Mo, ^{97}Mo, ^{98}Mo, ^{100}Mo. Ou seja, os elementos tecnécio de A entre 94 e 102, não poderiam existir na forma estável, apenas na forma radioativa. Ainda assim a busca pela ocorrência natural deste elemento não se encerrou, pois imaginava-se que poderia haver algum isótopo do Tecnécio que tivesse uma meia vida longa que pudesse ter sobrevivido na formação do planeta.

Um Cientista chamado Herr (1954), então teve uma ideia diferente. A ideia dele foi expor alguns minerais de molibdenitas ricas em Rênio (MoS_2), a um intenso bombardeio de nêutrons. O resultado do experimento foi o ^{99m}Tc, uma forma de um isótopo do tecnécio 99, que é metaestável que possuía 6 horas de atividade. Herr teorizou então que ^{99m}Tc só poderia ser gerado a partir da presença do ^{98}Tc (^{98}Tc + 1 Nêutron = ^{99m}Tc). Isso provaria a presença de Tecnécio 98 na amostra mineral. Apesar de que outros experimentos não puderam provar a existência do Tecnécio -98 na amostra mineral, Herr conseguiu produzir uma amostra de Tecnécio-99m.

No mesmo ano (1954) um grupo de pesquisadores liderados por Boyd, produziram isótopos de tecnécio (^{97}Tc, ^{98}Tc e ^{99}Tc), a partir do bombardeamento do metal Molibdênio com prótons a 22 MeV por 270 dias. Este feito foi importante pois foi a primeira vez que se detectou o Tecnécio por espectroscopia de Massas.

O tempo de meia vida determinado para os compostos de Tecnécio foram todos menores que 10^8 anos, em complemento a isso, sabemos que nosso planeta tem uma idade aproximada de 4,5 x 10^9 anos. Juntando as duas informações, podemos concluir então que se o Tecnécio foi criado juntamente coma criação do planeta, ele já deveria ter se decaído para outro elemento, já que a Crosta Terrestre é consideravelmente mais antiga que o tempo de meia vida do tecnécio).

Origens do Tecnécio

Sabemos que a crosta Terrestre contém Tecnécio. Porém, ele não é o Tecnécio primordial, criado junto com nosso planeta, como explicado anteriormente. A sua origem é devido à formação nuclear de outros elementos radioativos, como por exemplo a Fissão Nuclear do

Urânio-238 (^{238}U), que gera o elemento Tecnécio. Outras formas de obtenção podem ser a partir da da fissão induzida do Urânio-235 (^{235}U).

A primeira separação de Tecnécio Natural aconteceu em 1961. Keena e Kuroda conseguiram separar 0,000000001 grama de Tecnécio-99 (10^{-3}mg) a partir de 5,3 kg de Uraninita. Um mineral rico em urânio. Porém único isótopo do Tecnécio que foi obtido em quantidades adequadas foi o nuclídeo ^{99}Tc obtido a partir do bombardeamento de 5,7 kg de Molibdênio puro, por um feixe de Nêutrons com um fluxo térmico de nêutrons de 5×10^{11} $n.cm^{-2}.s^{-}$ por um período de 1 ano. O rendimento teórico era a obtenção de 2,8 mg de Tecnécio.

O Tecnécio-99 também foi obtido a partir da fissão do ^{235}U com nêutrons térmicos em um rendimento de fissão de 6,13% de átomo. Essa fissão gera aproximadamente 1kg de Tecnécio a cada 1 tonelada de urânio. Um gerador nuclear de 100MW gera 2,5 gramas de Tecnécio por dia. Durante a reciclagem do combustível nuclear, o ^{99}Tc está em uma fração maior em comparação a outros resíduos nucleares. Após o armazenamento desse lixo nuclear por vários anos, a radiação cai suficientemente a níveis menores, e isso possibilita a extração de produtos da fissão de longa vida, incluindo o ^{99}Tc. Os primeiros 18 gramas foram isolados em 1952 na forma de $[AsPh_4]TcO_4$ (pertecnato de tetrafenilarsônio)que foi precipitado na presença de Perclorato. A mistura de sais foi dissolvida em H_2SO_4, eletrolisado em eletrodo de platina e o depósito preto de TcO_2 dissolvido em $HClO_4$, com posterior destilação o TcO_7. O elemento então foi isolado pela precipitação de Tc_2S_7 que pode ser reduzido a ^{99}Tc metálico pela reação de redução utilizando o gás hidrogênio.

O elemento, porém, é um emissor b^- puro, ou seja, existe a emissão de partículas b^- sem a emissão de raios g. Essa emissão, por sua vez é bem pequena (0,3 MeV) e permite o manuseio de miligramas de material, apenas com a proteção de um escudo de vidro normal, já que as partículas b são efetivamente bloqueadas por paredes de vidro. A emissão de raio-X existe apenas se forem manuseadas grandes quantidades de Tecnécio. Existem diversos isótopos do tecnécio com diferentes tempos de meia vida. Estas formas estão dispostas na Tabela 1.

Tabela 1 – Isótopos do tecnécio

Nuclídeo	Massa Molar (g.mol^{-1})	Tempo de meia vida
^{90}Tc	89,924	8,7 segundos
^{90m}Tc	89,924	49,2 segundos
^{91}Tc	90,918	3,14 minutos
^{91m}Tc	90,918	3,3 minutos
^{92}Tc	91,915	4,23 minutos
^{93}Tc	92,910	2,75 horas
^{93m}Tc	92,910	43,5 minutos
^{94}Tc	93,910	4,88 horas
^{94m}Tc	93,910	52 minutos
^{95}Tc	94,908	20 horas
^{95m}Tc	94,908	61 dias
^{96}Tc	95,908	4,28 dias
^{96m}Tc	95,908	51,5 minutos
^{97}Tc	96,906	2,6 x 10^6 anos
^{97m}Tc	96,906	90,1 dias
^{98}Tc	97,907	4,2 x 10^6 anos
^{99}Tc	98,904	2,13 x 10^5 anos
^{99m}Tc	98,904	6 horas
^{100}Tc	99,908	15,8 segundos
^{101}Tc	100,907	14,22 minutos
^{102}Tc	101,909	5,28 segundos
^{102m}Tc	101,909	4,35 minutos
^{103}Tc	102,909	54,2 segundos
^{104}Tc	103,911	18,3 minutos
^{105}Tc	104,912	7,7 minutos
^{106}Tc	105,915	36 segundos
^{107}Tc	106,915	21,2 segundos
^{108}Tc	107,918	5,17 segundos
^{109}Tc	108,920	0,86 segundos
^{110}Tc	n.d.	0,92 segundos
^{111}Tc	n.d.	0,30 segundos

⋆Nd = Não determinado

Fonte: Elaboração do autor.

Propriedades do elemento tecnécio

Propriedades radioativas do ^{99}Tc.

O Tecnécio – 99 é um emissor b^- puro (existe a emissão de partículas b^- sem a emissão de raios g.). Sua emissão é de 292 $KeV.b^{-1}$. Em adição este nuclídeo emite 203 keV de raios b^-, porém apenas em uma pequena probabilidade de $1,2 \times 10^{-5}\%$. Após a emissão b^- é gerado o Nuclídeo estável de ^{99}Ru (Z=44). A emissão beta do Tecnécio-99 não é acompanhada de emissão de radiação gama. Essas propriedades são interessantes, já que a emissão radioativa do Tecnécio em pequenas quantidades não é suficiente para causar danos às pessoas, porém gera radiação suficiente para ser detectado por determinados aparelhos.

Manuseio laboratorial

O manuseio do Tecnécio-99, em pequena escala (<20mg) não apresenta perigo a saúde, caso sejam tomadas precauções adequadas. Paredes de Vidro de laboratórios normais, oferecem proteção adequada contra a emissão b^-. Pequenas quantidades de raios-x são produzidas pela ação da emissão beta no vidro, então o operador deve manter uma distância de pelo menos 30 cm da área de trabalho. É aconselhável ainda usar óculos de proteção contra as emissões beta e raios-x, que pode causar um escurecimento das lentes.

Tecnécio pode ser usado em uma capela de exaustão bem ventilada e cabines isoladoras normalmente não são necessárias. Nada desnecessário deve ser colocado na capela. Evaporação de soluções devem ser realizadas com rota-evaporadores, e soluções mais concentradas é aconselhável a evaporação em dessecadores. O recipiente contendo tecnécio deve ser coberto por um vidro de relógio ou béquer invertido para evitar contaminação por espalhamento. E acima de tudo, procedimentos que possam gerar vapores ou pó que poderiam ir para atmosfera, devem ser rigorosamente evitadas.

Um cuidado que se deve ter com o Tecnécio radioativo é a sua possível intoxicação via inalação de subprodutos voláteis como a volatilização de ácido Tecnético ($HTcO_4$) ou de compostos que se apresentem na forma de pó fino. O manuseio e a transferência de compostos na na forma de pó deve ser realizada com extremo cuidado e as vezes é até aconselhável a transferência utilizando um espessante como benzeno ou

Éter. A área de trabalho deve ser sempre monitorada com um contador Geiser, e finalmente os usuários devem ser familiarizados com os regulamentos de segurança de exposição a radiação. Os limites anuais de ingestão máxima permitida por ano do ^{99}Tc é de 4,0 x 10^7 Bequerels, e de inalação é 9,0 x 10^6 Bequerels, (1 Bequerel, = 1 desintegração por segundo). A quantidade máxima do ^{99}Tc no ar é de 2,2 x 10^{-3} Bequerels por cm^{-3}

Química Fundamental do Tecnécio

A sua localização na tabela periódica é o grupo 7 no 5 período. Nesse grupo fazem parte o Manganês (Mn no 4º período) e o Rênio (Re, no 6º período). As propriedades químicas do tecnécio são muito similares as do Rênio, mas elas se apresentam um pouco diferente das do Manganês. Devido a contração Lantanóica (blindagem dos elétrons) o raio atômico do Tecnécio (1,358 Å) é apenas 0,015 Å menor que o raio do Rênio, mas a diferença entre o raio atômico do Manganês e o Tecnécio chega a 0,1 Å.

Em termos de reatividade e formação de compostos o Tecnécio e o Rênio formam compostos análogos em termos de composição e estrutura, e diferem muito pouco em relação a algumas propriedades. Os compostos de tecnécio são mais reativos que os seus análogos de Rênio.

Em relação a espécies com número de oxidação diferentes, os metais do grupo +7, apresentam várias espécies com número de oxidação diferente. Nesse sentido o Tecnécio se difere do Manganês, as espécies com número de oxidação +7 do Tecnécio são mais estáveis que a do Manganês, principalmente se compararmos o Permanganato (MnO_4^-) como Pertecnetato (TcO_4^-). Além disso o Tecnécio se apresenta mais na forma de complexos metálicos e não na forma de íon, como por exemplo a espécie +2, onde o Manganês se apresenta na forma de íon hidratado Mn^{2+}.

Um total de 7 valências estão disponíveis para ligação. Compostos de tecnécio nos estados de oxidação que variam de -1 (ex. ânion complexo de Penta-CarbonilTecnetato: $[Tc(CO)_5]^-$) a +7 (ânion Pertecnetato: TcO_4^-) foram sintetizados, indicando a possibilidade de formação de diversos compostos de coordenação.

Tecnécio Metálico

É interessante ressaltar que as propriedades descritas, foram obtidas para o isótopo Tecnécio-99, já que é o único isótopo de tempo de vida longa que pode ser obtido em quantidades adequadas para o estudo. Como a ocorrência desse metal não é natural, foi importante o processo de obtenção deste metal de forma laboratorial para que propriedades físicas como densidade, condutibilidade elétrica e outros, fossem obtidas. Apesar das propriedades descritas serem referentes ao isótopo Tecnécio – 99, as propriedades físicas dos isótopos são muito similares devido ao mesmo número de prótons iguais contidos no núcleo.

Obtenção da forma Metálica

A obtenção do metal se inicial a partir do tratamento do resíduo de reatores nucleares, onde é obtido o Pertectato de Amônio (NH_4TcO_4). Que pode ser reduzido a $^{99}Tc^0$ (metálico) pelo gás hidrogênio. O Processo ocorre inicialmente na conversão do Pertectato de amônio a dióxido de Tecnécio (TcO_2) que é preto, e aquecendo este óxido a 700-900ºC o oxigênio sai, deixando o metal para trás como uma massa cinza prateada esponjosa. Um resumo da reação se encontra abaixo:

$$NH_4TcO_4\ (s) + 2\ H_2\ (g)\ \text{à}\ Tc^0\ (s) + 4H_2O\ (v) + \tfrac{1}{2}\ N_2\ (g)$$

Outra forma de produzir o tecnécio Metálico é produzir o complexo hexaclorotectanato (IV) de amônio ($(NH_4)_2[TcCl_6]$) e aquecê-lo atmosfera inerte (nitrogênio ou argônio) até a vermelhidão. O sal complexo se não funde, e se decompõe sob estas condições deixando o tecnécio metálico como um pó cinza prateado.

$$(NH_3)_2[TcCl_6]\ (s)\ \text{à}\ Tc\ (s) + 2\ NH_3\ (g) + 2\ HCl\ (g) + 2\ Cl_2\ (g)$$

Propriedades físicas

O Tecnécio é obtido na forma de pó, pelos processos descritos, mas ele pode ser transformado em barra, prensando o pó na forma de pastilhas utilizando uma pressão de 20 $kg.mm^{-2}$ e submetidos a um arco voltaico sob uma mistura de Hélio-Argônio. Isso gera um pequeno lingote de Tecnécio. Outra forma é submeter a pastilha prensada a um feixe de elétrons sob vácuo de 10^{-6}Torr.

Em contato com a umidade do ar, o Tecnécio Metálico vai gerando manchas opacas. O Metal se apresenta na forma quebradiça, mas ainda assim, é possível de se moldar o metal na forma de bastonetes, fios placas ou folhas metálicas, utilizando de tratamentos a frio tratamentos térmicos de recozimento metálico. Quando o Tecnécio é manuseado sob resfriamento ele apresenta uma grande força, e quando ele é recristalizado, ele apresenta grande plasticidade. Quando laminado, apresenta propriedades anisotrópicas mecânicas apreciáveis.

Ponto de Fusão e Ebulição

Foram determinados 3 pontos de fusão muito próximos e eles estão em concordância entre si. Os valores obtidos são 2140 ± 20°C, 2200 ± 50°C e 2162 ± 40°C. A média dos pontos de fusão está em 2167 °C, e este valor é próximo aos elementos vizinhos na tabela periódica do mesmo período (Molibdênio com 2167°C e Rutênio com 2310°C) mas quase 1000°C menor que o do Rênio (mesmo grupo, mas do 6 período). O ponto de ebulição do Tecnécio foi estimado em 4900°K, mas na prática não existe nenhum resultado experimental disponível para comprovar este valor.

Densidade

O lingote de Tecnécio metálico produzida por fusão via arco voltaico, pesando aproximadamente 70 gramas apresentou uma densidade de 11,47 $g.cm^{-1}$, a partir da técnica de imersão de. Já o lingote obtido a partir da fusão por feixe de elétrons 11,492$g.cm^{-1}$, utilizando a mesma técnica de imersão. Foi utilizada também os parâmetros de rede cristalina obtidos por difratometria de raios X, e foi obtido uma densidade calculada de 11,481 $g.cm^{-1}$. Vale observar que os três valores estão muito próximos um do outro, mesmo obtidos a partir de lingotes ou cálculos. No caso em termos de valores, o Tecnécio se apresenta uma densidade um pouco maior que a do chumbo.

Propriedades Químicas

O tecnécio metálico maciço começa a ficar opaco em contato com a umidade atmosférica. Na forma esponjosa ou de pó, ele é rapidamente oxidado a heptóxido quando aquecido em ar. O metal dissolve em ácido nítrico diluído ou concentrado e em ácido sulfúrico concentrado. Ele se dissolve lentamente em soluções neutras de amônia ou água oxigenada. Essa dissolução ocorre pois os solventes mencionados oxidam o Tecnécio em Pertecnetato (TcO_4^-). Já no caso de cloro ou água bromada, existe a formação parcial de $[TcCl_6]^{2-}$ e $[TcBr_6]^{2+}$.

Usos do Tecnécio-99

Como o Tecnécio é um elemento radioativo, seu uso é limitado à estas propriedades. Neste caso o isótopo metaestável ^{99m}Tc, tem uma significância bem maior na medicina, justamente pelo baixo tempo de meia vida, diferente do isótopo ^{99}Tc.

A grande vantagem do decaimento do ^{99}Tc é justamente a fraca emissão de partículas exclusivamente b^- de radiação. A ausência de radiação gama e a sua meia vida longa sugerem a aplicação deste isótopo como fonte de fraca emissão beta. De forma específica a atividade de 17,0 mCi/mg ou 629kBq/mg se mantém praticamente constante, independente do tempo.

Este isótopo ainda pode ser obtido em alto grau de pureza química e radioquímica, e suas características de auto espalhamento e a auto absorção são tais que fazem do Tecnécio um ótimo padrão para emissões b.

A denominação Tecnécio-99m, é o isótopo Tecnécio-99, metaestável. Ou seja, ele tem o mesmo número de massa, mas o núcleo possui mais energia e decai mais facilmente, ou seja, possui tempo de vida muito menor do que o isótopo Técnécio -99.

O interessante desse elemento é que a sua emissão (140 keV) é suficientemente pequena ao ponto de não causar uma alta dosagem prejudicial para o paciente, mas é suficientemente alta para penetrar em tecidos biológicos e em órgãos internos. Essas propriedades fazem do tecnécio um excelente elemento radioativo a ser utilizado como radiofármacos, mas não com efeito terapêutico do remédio em si, mas como marcadores radioativos. Por isso o seu principal uso é nas técnicas de imagem de órgãos, principalmente em tomografia de emissão de Fótons (Photon Emission Tomography/PET) e Cintilografia Planar. A partir destas técnicas é possível de se obter uma descrição detalhada da estrutura morfológica dos órgãos e permite a obtenção de informações detalhadas sobre das funções fisiológicas dos órgãos a partir do acúmulo de compostos de ^{99m}Tc. Ainda assim, a concentração de aplicação de rádio fármacos de ^{99m}Tc é muito pequena e estão na ordem de 10^{-6} a 10^{-8} mol.L^{-}, assim como outras espécies de rádio fármacos.

O ^{99m}Tc é muito utilizado estando presente na composição de cerca de 80% dos rádio fármacos disponíveis. Essa preferência pelo elemento é devido as suas características ótimas de utilização como baixo custo de produção, tempo de meia vida de 6 horas (92% do ^{99m}Tc é eliminado em 24 horas) e emissão de radiação gama de baixa energia (140 keV), permitindo a injeção de mais de 1110 MBq o que gera baixa exposição a radiação ao paciente. O tempo de meia vida de 6 horas é mais que suficiente para permitir medidas cintilográficas sem perdas significativas de atividade. A energia de 140 keV é suficiente para estudar até órgãos mais profundos no organismo. Outra vantagem é que os fótons podem ser direcionados utilizando canalizadores de chumbo com espessura relativamente finas. Além disso, o produto do decaimento do ^{99m}Tc é uma pequena quantidade de ^{99}Tc, que é um emissor b^{-} puro com tempo de meia vida de 2,1 x 10^{5} anos e não contribui de uma forma notável de exposição à radiação.

A síntese de formas farmacêuticas do Tecnécio é facilitada por suas propriedades químicas. Como o Tecnécio se apresenta em diversos números de oxidação, é possível a produção de diversos compostos de coordenação que são viáveis a uso farmacêutico. A única limitação é que estes compostos necessitam o uso de moléculas orgânicas que possam ser funcionais para a absorção no organismo. Estudos iniciais utilizavam biomoléculas funcionalizadas para agirem como agentes complexantes. Porém a coordenação dessas moléculas como Metal, podem alterar as propriedades bioquímicas da Molécula orgânica. Hoje complexos de tecnécio sem características bioquímicas tem apresentado um melhor resultado na tecnologia de imagem de órgãos.

Para o desenvolvimento de raio fármacos de ^{99m}Tc, o ligante escolhido precisa ter algumas características como por exemplo, ele deve ser lipofílico, ter inercia cinética, ter carga e uma estrutura compatível com a absorção no órgão. Por exemplo, complexos termodinamicamente estáveis podem sofrer reação ao ser injetados na corrente sanguínea e a molécula ligante, pode ser substituída por outras enzimas e metabolitos. Por isso características como inercia cinética são consideradas importantes.

Em termos de testes, é utilizado o isótopo Tecnécio – 99, que possui um tempo de meia vida longo. E só depois de se caracterizar as propriedades do composto produzido e de se otimizar os procedimentos de síntese, que é realizado testes com o seu análogo Tecnécio-99m.

Ainda assim, apesar de todo o uso, ainda não existem muitos artigos sobre a caracterização estrutural destes compostos, sendo publicado nas últimas décadas, diversos reviews e trabalhos sobre o assunto.

Como é realizada a Imagem de órgãos

Dependendo da sua forma e estrutura química o ^{99m}Tc é acumulado no órgão que será investigado. Uma vez acumulado, ele vai emitir 140keV de fótons g, que vai permitir a obtenção da imagem do órgão, que é monitorado pela técnica de Cintilografia Planar ou Tomografia por Emissão. Para captar essa imagem é utilizado uma câmera especial, chamada de câmera g. Essa Câmera funciona transformando os raios g emitidos pelo órgão em outros fótons. O funcionamento normalmente é utilizando um cristal especial em uma caixa escura, e quando os raios g batem no cristal, eles são convertidos em infravermelho e outros espectros eletromagnéticos através de um fenômeno Fluorescência.

A imagem da distribuição espacial do ^{99m}Tc, se processa, focalizando a câmera gama em seções ou planos. A resolução é particularmente dependente de um aparato chamado colimador, que é constituído de diversos furos em uma placa de chumbo, que tem o intuito de se eliminar os raios gama que não estejam perpendiculares ao aparelho. A distância entre o colimador e o objeto é um fator importante na definição da resolução. A resolução da imagem do colimador melhora com o decréscimo do diâmetro do buraco e aumento do comprimento (.5cm) do calibre.

Considerações finais

O tecnécio é o elemento radioativo de menor número atômico, e o primeiro elemento criado pelo ser humano. As características únicas do seu isótopo metaestável, como baixa emissão gama e curto tempo de meia vida, fazem o elemento ideal para o uso na tecnologia de imagem de órgãos.

Referências

SCHWOCHAU, K. *Technetium- Chemistry and Radiopharmaceutical Applications*, 1 edição, John Wiley and sons, 2000.

ABRAM, U., ALBERTO, R. Technetium and Rhenium – Coordination Chemistry and Nuclear Medical Applications, *J. Braz. Chem. Soc.* V. 17, n.8, p.1486-1500, 2006.

LOVELAND, W.; MORRISEY, D. J.; SEABORG, G. T. *Modern Nuclear Chemistry*, John Wiley & Sons, 2006.

ZOLLE I. *Technetium 99m Pharmaceuticals Preparation and Quality Control in Medicine*. Springer 2007.

SCHULTE E.H.; SCOPPA P. Sources and behavior of technetium in the environment, *The Science of the Total Environment*, v. 64 p. 163-179, 1987.

MARQUES, F.L.N.; OKAMOTO, M. R. Y.; BUCHPIGUEL, C. A. Alguns aspectos sobre geradores e radiofármacos de tecnécio-99m e seus controles de qualidade. *Radiol Bras*, v. 34, p. 233–239, 2001.

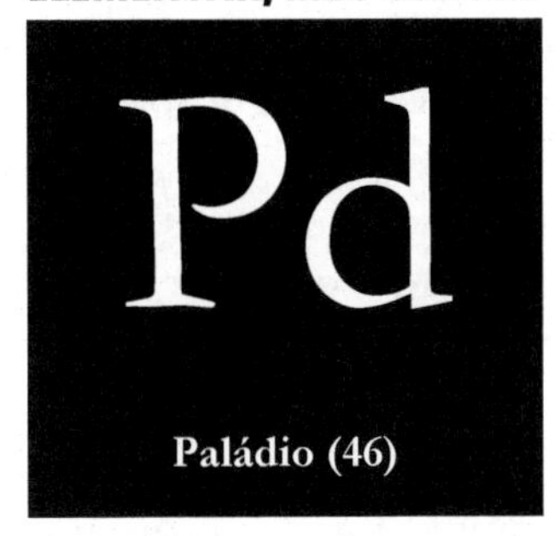

TRANSITANDO PELO REINO DO RARO METAL DE TRANSIÇÃO EPÍTETO DE ATENA: PALÁDIO

Amadeu Moura Bego

Uma discussão nada elementar, meu caro

Parece ser elementar, meu caro professor de química, mas antes de iniciarmos a discussão sobre o paládio (Pd) é importante diferenciarmos alguns conceitos elementares sobre elemento e substância.

Repare que esse jogo de palavras proposital tem o intuito de justamente ilustrar a necessidade de evitarmos o uso indiscriminado de termos no contexto do discurso científico e, sobretudo, no processo de ensino e aprendizagem de química em sala de aula.

Em diversos materiais didáticos e em um mol de sites espalhados pela internet superabundam exemplos, ilustrações, vídeos, dentre outros materiais, sobre a aplicação dos elementos químicos da tabela periódica. Corriqueiramente, quando ilustram a aplicação de algum elemento químico, são encontrados exemplos como o da Figura 1.

Figura 1 – Exemplo de aplicação do elemento sódio encontrado na internet.

Fonte: https://www.tabelaperiodica.org/.

Porém, seria quimicamente adequado afirmar que o sal de cozinha é um exemplar típico da aplicação do elemento sódio ($_{11}Na$)? Todo professor de química mais atento teria diversas ressalvas a responder afirmativamente a essa questão.

Então, vamos a alguns aspectos elementares desta discussão nada elementar (se me permite mais uma vez o trocadilho químico). Segundo a IUPAC (2019), há duas definições para o conceito de elemento químico:

1. uma espécie de átomos; todos os átomos com o mesmo número de prótons no núcleo atômico;
2. uma substância química[11] constituída de átomos com o mesmo número de prótons no núcleo atômico. Às vezes, esse conceito é chamado de *substância elementar* como distinto do *elemento químico* conforme definido no item 1, mas principalmente o termo elemento químico é usado para ambos os conceitos.

Veja que, a partir da primeira definição, nos referimos a um elemento químico com base na composição de seu núcleo atômico, ou seja, o conjunto de átomos com o mesmo número de prótons em seu núcleo correspondem a um mesmo elemento químico. Por exemplo, todos os átomos com número atômico 11 correspondem ao elemento sódio, o qual, a partir da notação padronizada proposta inicialmente por Jöns Jacob Berzelius (1779-1848), é representado pelo símbolo *Na* (MIERZECKI, 1991; NYE, 1996).

Por sua vez, a segunda definição apresentada pela IUPAC propõe uma possível distinção entre os conceitos de *elemento químico* e *substância elementar*. Contrastando as definições 1 e 2, temos que elemento químico se refere ao conjunto de átomos com o mesmo número atômico, enquanto substância elementar diz respeito a uma *substância simples* constituída por determinado elemento químico.

Voltando ao exemplo, temos o elemento químico sódio, cujo *símbolo* $_{11}Na$ representa o conjunto de átomos presentes no universo que

---

[11] Comumente, em português, livros didáticos de química utilizam o termo "substância química pura". Entretanto, de um ponto de vista estritamente conceitual, toda substância química é pura, uma vez que uma "substância química impura", a rigor, é sempre uma mistura de substâncias. Desse modo, neste capítulo, não utilizamos a termo substância química pura, a fim de manter maior rigor conceitual e para evitar a redundância.

contém 11 prótons em seu núcleo, incluindo aí todas as suas variações isotópicas. Já a substância elementar sódio metálico, representada pelas *fórmulas* Na_n, Na^0 ou *Na*, refere-se à substância química simples constituída apenas por átomos de sódio[12].

Embora a entidade internacional dos químicos reconheça o uso do termo *elemento* para se referir à determinada substância elementar, há, em princípio, uma diferença conceitual importante entre os termos *elemento* e *substância*. A IUPAC define também que a *Tabela Periódica* dispõe os elementos químicos conhecidos ordenados por seus números atômicos, configuração eletrônica e recorrência das propriedades periódicas.

Levando em consideração o exposto, é correto afirmar que o sódio representado na tabela periódica corresponde à espécie elementar, isto é, ao conjunto de *átomos neutros* (não íons) que possuem número atômico 11. Em contrapartida, em sentido amplo, reconhecido pela IUPAC, seria correto afirmar que o sódio, representado na tabela periódica, equivaleria ao sódio metálico, referindo-se à substância simples metálica.

Daí decorre a inadequação em se considerar que o *sal de cozinha* seja uma aplicação do *elemento sódio*, uma vez que o mineral não apresenta *ipsis litteris* nem o sódio elementar e nem o sódio metálico, mas sim o *cátion sódio* ($_{11}Na^+$) constituindo o composto *cloreto de sódio* em uma mistura. O sal de cozinha é mais bem definido como uma *mistura mineral* que contém principalmente a *substância composta* "cloreto de sódio" e traços de outros íons, como brometo, fluoreto, ferro etc. Logo, o sal de cozinha seria um exemplar que contém o elemento sódio em sua forma catiônica em uma substância composta derivada de uma mistura mineral. Observe que essa definição é bastante complexa e envolve uma série de conceitos químicos com significados distintos!

Portanto, neste capítulo tomamos o cuidado de tratar de forma distinta as propriedades e características do *elemento químico* paládio e da *substância simples* paládio metálico, bem como debatemos possíveis implicações para a abordagem desses conceitos químicos em sala de aula.

---

[12] A rigor, símbolo químico é o código que identifica dado elemento químico e fórmula química é a composição de códigos que mostra os elementos presentes e suas proporções em uma substância. Interessante notar que o símbolo químico é idêntico à fórmula química quando se tem substâncias simples metálicas ou substâncias simples de gases nobres.

O pai do paládio (ou o paládio tem pai?)

Até o início do século XIX, a comunidade científica internacional havia isolado, purificado, caracterizado e catalogado aproximadamente apenas 25 elementos químicos e, nessa lista, não constava o elemento paládio. O conhecimento sobre a existência do paládio metálico veio a público no esteio do *boom* de novas identificações de elementos químicos do século XIX (apenas naquele século haviam sido isolados cerca de 50 novos elementos).

Vale a pena discorrermos sobre a "descoberta" do paládio de forma um pouco mais detida, com o intuito de ilustrar diversos aspectos sobre a natureza da ciência e do trabalho científico. Veja que o termo descoberta foi anteriormente grafado entre aspas. Vamos explicar o porquê de tal opção.

A ideia de descoberta está, em geral, atrelada ao sentido de achar, encontrar, desvelar algo que estava oculto, aguardando, por isso, por ser revelado. Mais do que mero preciosismo academicista, a utilização do termo "descoberta científica" pode gerar ou reforçar visões distorcidas sobre o empreendimento científico próprias do senso comum. Segundo essas visões, as teorias ou descobertas científicas seriam "lampejos criativos" ou "momentos eureca" frutos de gênios malucos e abnegados, trabalhando isoladamente em seus laboratórios (geralmente retratados como homens brancos europeus). Além do mais, essas visões romantizadas acabam por, paradoxalmente, atrelar a descoberta científica a práticas irracionais e não-analisáveis (FRENCH, 2009; GIL-PÉREZ et al. 2001).

Ilustrando a natureza controvertida, não linear e humana do empreendimento científico, em particular associado ao isolamento e à purificação de novos elementos metálicos no século XVIII, Oliver Sacks escreve de forma estonteantemente bela sobre suas memórias químicas:

> Encantava-me ler sobre os elementos, como haviam sido descobertos, conhecer não só os aspectos químicos, mas também o lado humano do empreendimento [...] obtive uma vívida ideia da vida de muitos químicos, da grande variedade, e às vezes excentricidade, de caráter que eles encerravam. E ali encontrei citações de cartas de químicos antigos, que falavam dos momentos de empolgação e desalento no tateante caminho para suas descobertas, da ocasional perda de rumo, dos becos sem saída e da tão esperada concretização do objetivo (SACKS, 2011, p. 63-64).

A primazia pela "descoberta" do paládio envolveu uma sequência bizarra de eventos no começo dos anos 1800 em Londres, que gerou uma considerável controvérsia científica envolvendo dois respeitados membros da "*The Royal Society*"[13]. O historiador da ciência Melvyn C. Usselman (1978), em seu brilhante artigo, afirma que historiadores da ciência consideram o debate sobre o paládio como um dos episódios mais curiosos da história da química moderna. As descrições desse episódio apresentadas aqui nesta seção são todas derivadas desse histórico e precioso artigo de Usselman (embora esteja em inglês, fica o convite à leitura do original).

O embate ocorrido envolveu dois proeminentes membros da sociedade real: o químico e físico inglês *William Hyde Wollaston* (1766-1828) e o químico analítico e literato irlandês *Richard Chenevix* (1774-1830).

Wollaston, investigando a produção de platina maleável por um processo que envolvia a forja a quente do metal purificado, acabou isolando e purificando o paládio metálico no ano de 1802. O químico decidiu não publicar imediatamente seus achados experimentais por motivos científicos e, sobretudo, comerciais. A ação excêntrica de Willian fora oferecer anonimamente à venda amostras do novo metal em um pequeno comércio de Londres. Na venda, não fornecera, porém, qualquer informação sobre a origem do metal nem mesmo seu "descobridor".

Esse sigilo em torno de um novo metal com propriedades únicas fez com que Chenevix desconfiasse de sua natureza elementar. A investigação experimental acerca das propriedades do paládio metálico levou o químico irlandês a formar uma convicção de que a tal descoberta se tratava de mais uma fraude (lembre que o início do século XIX havia sido pródigo no anúncio do isolamento e catalogação de novos elementos químicos). Richard estava certo de que o metal à venda não era elementar, e que se tratava, em verdade, de uma mistura, uma liga metálica de platina e mercúrio.

Com base em uma série de extensivos experimentos tão complicados quanto confusos e apressados, Chenevix acreditara que o paládio resultava de uma síntese entre os metais chumbo e platina, em que seus elementos constituintes haviam sido ligados tão fortemente que nenhum método analítico poderia detectar qualquer um dos metais individuais, formando, assim, um novo *composto metálico*. Esse novo composto, todavia, possuiria

---

[13] The Royal Society, formalmente nomeada como "The Royal Society of London for Improving Natural Knowledge".

propriedades distintas em relação a outras *substâncias metálicas* conhecidas, como sua particular densidade relativa, solubilidade em ácido nítrico, facilidade de fusão com enxofre e precipitação por sulfato de ferro II.

Com convicção científica tamanha, Chenevix afirmara que o nome:

> [...] paládio transmite à nossa mente a ideia de algo absoluto e, portanto, incapaz de gradação. Mas as gradações nas ligas são infinitas; e a liga de platina e mercúrio é suscetível de variação infinita. Paládio também traz à nossa lembrança uma fraude desprezível dirigida contra a ciência: o nome, portanto, não deve ser admitido (CHENEVIX, 1803 apud USSELMAN, 1978, p. 558).

O artigo de Chenevix foi depois resumido e publicado em muitos dos periódicos populares da época, contando com uma amplamente favorável recepção inicial da comunidade científica. Muitos cientistas, incluindo membros respeitáveis da academia real, ressaltavam a importância do trabalho do químico analítico irlandês em "provar" que o paládio era um composto de platina e mercúrio, além de conseguir produzir em laboratório este "metal composto" em seu mais perfeito estado de combinação. Thomas Thomson (1773-1852), respeitado químico e mineralogista escocês, elogiou efusivamente o trabalho de Chenevix na edição de 1804 de seu periódico, enfatizando o fato extraordinário de haver um *composto* de dois metais que não poderia ser "decomposto".

Entretanto, passado o furor inicial, o clima geral de aprovação começava a ruir diante de diversos problemas identificados aqui e acolá nos experimentos realizados por Chenevix. O principal problema se referia à falta de reprodutibilidade dos experimentos de "síntese do paládio composto", conforme relatado no artigo de Richard. Alguns cientistas também relatavam a impossibilidade de detecção analítica de vestígios de platina ou mercúrio no tal "composto". Adicionalmente, havia relatos experimentais consistentes de que nenhum precipitado se formava na adição de sal amoníaco a uma solução de paládio, enquanto uma solução de platina e mercúrio resultava, como bastante sabido à época, em um precipitado copioso. Em suma, os experimentos do químico analítico irlandês vinham sendo submetidos a uma bateria de testes-chave implacáveis, características próprias da prática da ciência moderna, isto é, a necessidade de reprodutibilidade empírica e análise de dados de forma independente por pares da academia.

Diante dos fatos, com seu caráter excêntrico (e, segundo alguns, antiético), William Wollaston publicou uma nota anônima prometendo uma recompensa de 20 libras a qualquer cientista que conseguisse sintetizar artificialmente 20 grãos de paládio, cuja veracidade da composição fosse arbitrada independentemente por três químicos nomeados pela *Royal Society*. Ocorre que ninguém fora capaz de produzir o paládio composto com sucesso, bem como não houvera, surpreendentemente, qualquer evidência histórica de que alguma tentativa havia sido feita ante os três químicos juízes.

Esse bizarro episódio poderia ter sua página virada na história da química. No entanto, por ironia do destino, a Royal Society, no final do ano de 1803, iniciara o processo de escolha dos elegíveis aos prêmios anuais de mérito científico. Adivinhe - elucubrado professor - quem fora considerado pela comunidade como o mais digno da Medalha Copley[14] por ter realizado a investigação mais importante sobre determinado assunto? Isto mesmo: Richard Chenevix! E a honraria se devia especialmente por seu artigo sobre a natureza composta do paládio.

Mas a bizarrice não para por aí. Quem houvera recebido a mesma medalha no ano anterior? Pois é, o próprio: William Wollaston. Imagine só - caro e atônito leitor - a situação de Wollaston; sua descoberta havia sido considerada uma fraude justamente por um cientista que iria ganhar a mesma medalha de mérito científico "provando" de forma quimicamente equivocada que seu paládio não era elementar. Pelo amor de Sir Godfrey Copley!

Wollaston, então, almejando salvar a Royal Society de qualquer constrangimento, confidenciou a Sir Joseph Banks (1743-1820), 21° presidente da sociedade, que ele havia sido o "descobridor" do paládio metálico e o responsável por sua divulgação misteriosa em Londres. Contudo, uma vez mais, Wollaston pediu que Banks guardasse o segredo. Banks, em função desse pedido inusitado e, também, não havendo maneira de saber se Chenevix ou Wollaston estavam corretos - haja vista a divisão de opiniões entre a comunidade dos químicos na época - desconsiderou as informações recebidas em segredo, e Chenevix foi agraciado com a medalha normalmente.

---

[14] Concedida pela primeira vez em 1731, após doações de Godfrey Copley, a Medalha Copley é o prêmio mais antigo e prestigioso da Royal Society. A medalha é concedida por realizações notáveis em qualquer campo da ciência. Para saber mais: https://royalsociety.org/grants-schemes-awards/awards/copley-medal/. Acessado em 04 dez. 2021.

A charada sobre a origem do paládio terminou apenas em 23 de fevereiro de 1805, quando William Nicholson (1753-1815) publicou em seu periódico, *The Journal of Natural Philosophy, Chemistry and the Arts*, uma carta na qual Wollaston se anunciava como o "descobridor" do polêmico metal. Interessante que ele não comentou sobre os erros de Chevenix e não apresentou nenhum pedido de desculpas por seu comportamento excêntrico.

Nos cadernos de anotações de laboratório de Wollaston, encontrados em 1949 na Universidade de Cambridge, há evidências robustas da caracterização do paládio ainda no início de 1802. O isolamento e purificação no novo metal resultou de uma minuciosa e trabalhosa investigação de Willian sobre o minério de platina. Wollaston encontrou o paládio no minério bruto de platina, oriundo da América do Sul, por meio da dissolução do minério em água régia[15], neutralizando a solução com hidróxido de sódio e precipitando a platina como hexacloroplatinato de amônio com cloreto de amônio. Ele adicionou, então, cianeto de mercúrio para formar cianeto de paládio II, que foi aquecido para a extração do paládio metálico (WOLLASTON, 1832).

Usselman (1978), a partir dos preciosos documentos originais da época, discute que possivelmente o dilema vivido por Wollaston se deu em função de seu duplo papel de cientista e empresário. Do ponto de vista do empresário, seu objetivo era garantir o sucesso de seu negócio com a platina, que precisava ser mantido em segredo. Por isso, uma publicação com a descrição completa do isolamento do metal paládio, a partir dos experimentos com o minério de platina, embora lhe rendesse o nome dentre os grandes cientistas descobridores de novos elementos, poderia colocar sua realização empresarial em risco, haja vista o fato de a rota de síntese poder desvelar aspectos sobre as fontes minerais e os processos químicos e físicos envolvidos.

Em que pese a celeuma toda, os registros mostram que Wollaston, em agosto de 1802, havia batizado o novo metal como "palladium" em homenagem à detecção do asteroide "2 Pallas", dois meses antes, pelo astrônomo alemão Heinrich Wilhelm Matthäus Olbers (1758-1840) (WOLLASTON, 1832). Por sua vez, o asteroide recebera esse nome por causa de *Pallas Athena*, um nome alternativo para a deusa Atenas, a deusa da sabedoria e das habilidades. A forma adjetiva do nome é "palladium", paládio em português.

---

[15] Mistura de ácido nítrico e ácido clorídrico, de forma ideal em uma proporção molar de 1:3.

O raro e lustroso metal branco-prateado

Os seis metais dos quinto e sexto períodos dos Grupos 9, 10 e 11 (antiga Família VIII B) – rutênio (Ru), ósmio (Os), ródio (Rh), irídio (Ir), paládio (Pd) e platina (Pt) - são conhecidos como *metais da platina*, ou Metais do Grupo da Platina (MGP). A alcunha se deve à sua metalogênese, os seis metais geralmente ocorrerem associados na forma de ligas indefinidas e por apresentarem propriedades químicas similares (LIVINGSTONE, 1973).

As estimativas variam quanto à abundância elementar dos MGP na crosta terrestre. Platina é o elemento mais comum, com uma abundância de cerca de 10^{-2} g.ton^{-1} (ppm); as abundâncias dos outros elementos são: Pd, 10^{-3} a 10^{-2} g.ton^{-1}; Os e Ir, 10^{-3} g.ton^{-1}; Ru e Rh, 10^{-4} g.ton^{-1} (LIVINGSTONE, 1973).

Em seu estado metálico, o paládio puro apresenta uma coloração branco-prateada (Figura 2) e as propriedades físicas apresentadas no Quadro 1.

Figura 2 – Paládio metálico

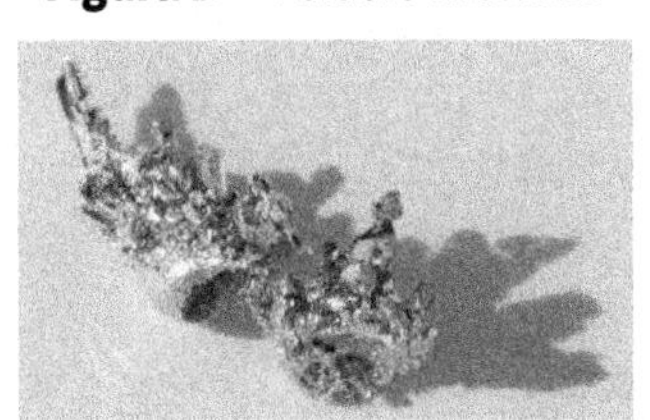

Fonte: https://images-of-elements.com/palladium.php.

Quadro 1 – Propriedades físicas do paládio metálico[16].

Propriedade	Pd
Ponto de fusão	1.555 °C
Ponto de ebulição	3.167 °C
Densidade	12,02 g cm^{-3}
Calor específico	0,058 cal g^{-1} °C a 0 °C
Resistividade	9,93 microhm-cm a 20 °C
Resistência à tração - recozido	25.000 lb pol^{-2}
Dureza	4,8 escala de Mho

Fonte: Livingstone (1973, p. 1167).

[16] Alguns estudos apontam que a dificuldade em atingir um alto estado de pureza pode levar à falta de acordo sobre os valores de algumas propriedades físicas, resultando em divergências de valores em fontes distintas.

O paládio metálico é inoxidável, dúctil e bastante maleável, podendo, por exemplo, gerar folhas com espessura de apenas 0,0001 mm. Seu alto ponto de fusão, boa condutividade elétrica, estabilidade química, resistência à corrosão e alta atividade catalítica estimulam seu emprego em setores como o da eletroeletrônica, indústria automotiva, petroquímica e alimentícia, além de odontologia e joalheria. Atualmente, o paládio tem tido maior utilização em conversores catalíticos, haja vista que grande parte na indústria automobilística o emprega na fabricação de catalisadores dos sistemas de escapamento de veículos a gasolina. Esses conversores transformam de forma eficiente os gases CO e NO, que apresentam alta toxicidade aos seres humanos, nos gases CO_2, N_2 e vapor de água, de menor potencial tóxico. Quando finamente dividido, o paládio forma também catalisadores extremamente versáteis, acelerando importantes processos de catálise como hidrogenação, desidrogenação e craqueamento de petróleo[17].

Para se ter uma noção, em 2020, os maiores consumidores de paládio foram regiões geográficas onde se encontram grandes potências econômicas: China (31%), América do Norte (20%), Europa (20%) e Japão (11%). O consumo por setor industrial apresentou a seguinte distribuição: sistemas de pós-tratamento de exaustão (82%, majoritariamente catalisadores automotivos); eletroeletrônica (7%); química catalítica (5%); instrumentos odontológicos (3%); joalheria (2%); outros (1%)[18].

Em função de suas propriedades, o paládio tem sido um metal de largo interesse comercial, superando nos últimos anos o valor do ouro nas transações de *commodities*. Com isso, países que detêm tanto jazidas para extração quanto tecnologia instalada para a produção de paládio metálico apresentam uma fonte de riqueza bastante significativa. Atualmente, a Rússia é a maior produtora de paládio, seguida pela África do Sul, Canadá e Estados Unidos. Em 2020, a empresa russa *Nornickel* respondeu por cerca de 45% da produção mundial do metal, destacando-se como a grande potência mundial no setor.

O paládio metálico pode ser encontrado na natureza em seu estado metálico na forma de ligas com ouro ou outros MGP. Porém, em função da raridade desses tipos de depósitos de placeres[19], o paládio é

---

[17] Dados da Royal Society of Chemistry: https://www.rsc.org/periodic-table/element/46/palladium. Acesso em 13 dez. 2021.

[18] Relatório anual da Nornickel de 2020: https://ar2020.nornickel.com/commodity-market-overview/palladium#palladium-consumption-in-2020-by-industry. Acessado em 13 dez. 2021.

[19] Depósitos de placeres são acumulações sedimentares decorrentes da concentração mecânica de minerais detríticos a partir da decomposição e erosão de outras rochas.

largamente produzido a partir de *jazidas de níquel-cobre*. A "rocha-mãe" dos MGP são rochas ígneas básicas, incluindo os peridotitos, piroxenitos e dunitos. A maior parte de paládio é encontrada em minerais de sulfeto, como a braggite[20] (Figura 3a), cuja fórmula mínima é (Pt,Pd,Ni)S.

Figura 3 – (a) Foto da mistura dos minerais Braggite e Moncheite.
(b) Modelo estrutural da Braggite.

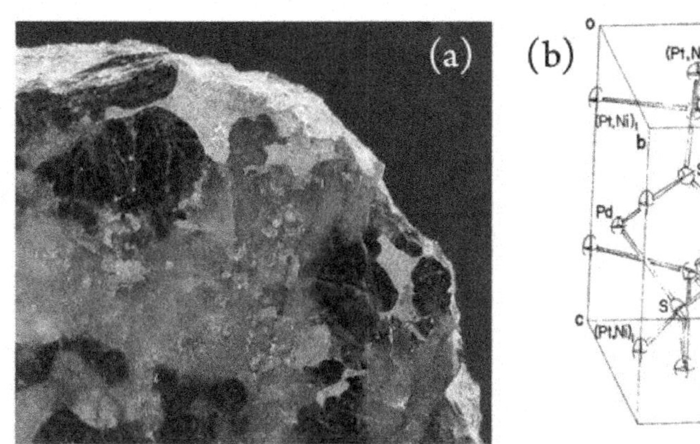

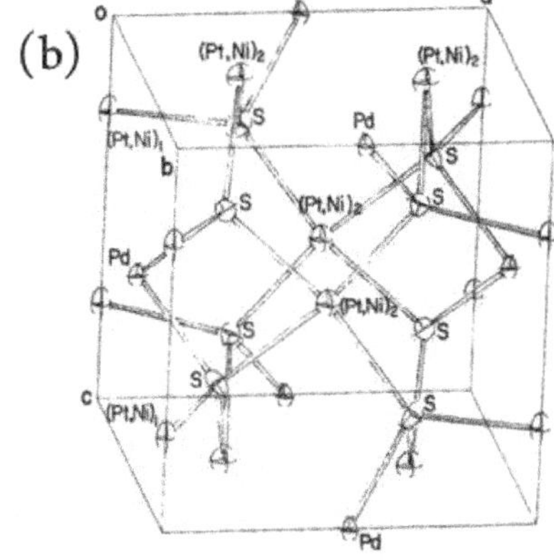

Fonte: (a) https://www.mindat.org/photo-612270.html.
(b) Childs e Hall (1973, p. 1449).

Na estrutura geral do mineral braggite, como ilustrado na Figura 3b, o enxofre apresenta carga -2 e, em função de distorções na estrutura, o "espaço" a ser ocupado pelo cátion pode variar em tamanho, que, então, é preenchido por Pd, Pt ou Ni, cada qual com estado de oxidação +2, resultando em ligações predominantemente iônicas (CHILDS; HALL, 1973).

Como pode ser notado, o paládio se apresenta da forma de cátion bivalente no mineral. Para obtenção do paládio metálico há a necessidade de extraí-lo e purificá-lo. A produção do paládio metálico se dá por meio da cadeia produtiva da mineração. Os métodos de extração e purificação dos MGP são bastante complexos e variam segundo o tipo de minério de partida. Apesar da existência de diferentes processos, de modo geral, a obtenção do paládio envolve a extração das rochas e a

---

[20] Por ter sido o primeiro mineral a ser identificado apenas por métodos de raios-X, foi nomeado em homenagem a William Henry Bragg e seu filho, William Lawrence Bragg, pioneiros na investigação por raios-x de cristais.

concentração dos minérios, seguidas da purificação, redução e fusão do metal (SOBRAL; GRANATO; OGANDO, 1992).

O fluxograma apresentado na Figura 4 traz um exemplo de processo para a recuperação de MGP com foco na obtenção de paládio metálico.

Figura 4 – Fluxograma para a recuperação de paládio metálico.

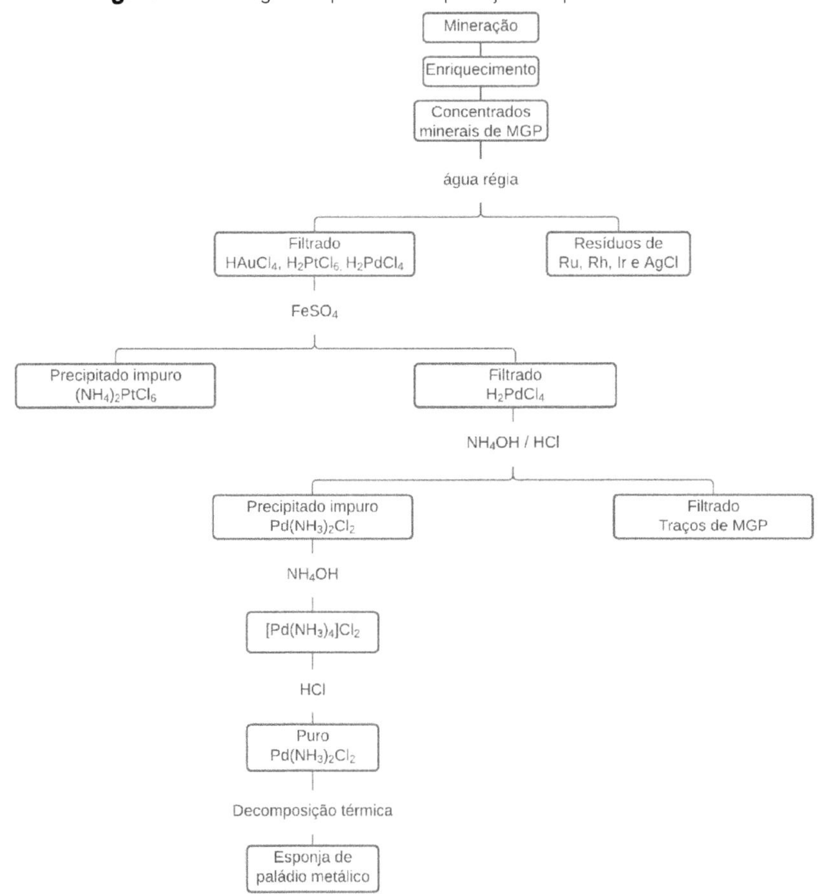

Fonte: Elaborado com base em Livingstone (1973, p. 1173).

Os concentrados minerais com MGP são extraídos com água régia que dissolve a maior parte do ouro, paládio e platina e deixa um resíduo contendo rutênio, ródio, irídio e cloreto de prata. Sulfato de ferro II é adicionado ao filtrado para precipitar o ouro, e a solução é tratada com cloreto de amônio que precipita a platina. O filtrado é, então, tratado com um excesso de amônia, depois com ácido clorídrico para precipitar o paládio na forma de $Pd(NH_3)_2Cl_2$. O produto é purificado por dissolução em amônia e reprecipitação com ácido clorídrico. O reprecipitado é lentamente inflamado a 1000 °C para produzir por decomposição térmica uma esponja de paládio metálico com alto grau de pureza.

Propriedades atômicas do elemento paládio

O elemento paládio apresenta número atômico 46 e pertence ao Grupo 10, antiga Família VIII B, contendo também os elementos químicos níquel (Ni), platina (Pt) e o elemento recentemente caracterizado darmstádio (Ds). Todos os elementos do grupo são metais de transição do bloco d.

Os membros desse grupo mostram padrões na configuração eletrônica, especialmente nas camadas mais externas, sendo justamente o paládio uma exceção ao princípio de Aufbau[21]. Na distribuição eletrônica do paládio, os elétrons do orbital 5s migram para preencher os orbitais 4d, pois é energeticamente mais favorável ter o subnível $4d^{10}$ preenchido em vez da configuração $5s^2$ $4d^8$. O estado eletrônico estável para o paládio é $1s^2$, $2s^2$, $2p^6$, $3s^2$, $3p^6$, $3d^{10}$, $4s^2$, $4p^6$, $4d^{10}$. Por conta disso, essa configuração $5s^0$, única no quinto período, torna o paládio o elemento mais pesado a ter apenas uma camada de elétrons incompleta, com todas as camadas posteriores vazias.

O paládio de ocorrência natural apresenta sete variações isotópicas, apresentadas no Quadro 2, seis das quais são estáveis. Os radioisótopos mais estáveis são ^{107}Pd com meia-vida de 6,5 milhões de anos (encontrado na natureza), ^{103}Pd com 17 dias, e ^{100}Pd com 3,6 dias.

Quadro 2 – Dados dos isótopos de paládio

Isótopo	Massa Atômica	Abundância isotópica
^{102}Pd	101,905 632(4)	0,0102(1)
^{104}Pd	103,904 030(9)	0,1114(8)
^{105}Pd	104,905 079(8)	0,2233(8)
^{106}Pd	105,903 480(8)	0,2733(3)
^{108}Pd	107,903 892(8)	0,2646(9)
^{110}Pd	109,905 173(5)	0,1172(9)

Fonte: https://www.ciaaw.org/palladium.htm. Acessado em 08 jan. 2021.

[21] O princípio Aufbau, do alemão princípio de construção, estabelece que a distribuição eletrônica do estado fundamental de um átomo ocorre com os elétrons ocupando primeriamente os níveis e subníveis da menor energia disponíveis.

Voltando às ressalvas sobre a importância da diferenciação entre termos no contexto do discurso científico, vale destacar a diferença entre os conceitos de número de massa e massa atômica.

De acordo com a IUPAC (2019), o número de massa de um átomo corresponde ao número total de partículas pesadas, prótons e nêutrons, no núcleo atômico. Trata-se, portanto, de um dado referente a um determinado isótopo de um elemento. Como pode ser visto no Quadro 2, o isótopo mais abundante do paládio apresenta número de massa igual a 106. A notação de seu símbolo como $46106Pd$ significa que esse isótopo do paládio apresenta 46 prótons e 60 nêutrons em seu núcleo.

Por seu turno, a massa atômica, conforme define a IUPAC (2019), diz respeito a uma medida da razão entre a massa média de determinado átomo e a unidade de massa atômica unificada (μ). A unidade de massa atômica unificada é definida como um duodécimo da massa de um átomo de carbono-12 em seu estado fundamental, e usada para expressar massas de partículas atômicas, $\mu \approx 1{,}660\ 5402\ (10) \times 10^{-27}$ kg. A partir da média ponderada das massas dos isótopos de cada elemento encontrados na natureza é que se chega à massa atômica apresentada na Tabela Periódica para determinado elemento. No caso do paládio, a Comissão de Abundâncias Isotópicas e Massas Atômicas[22], usando medidas de espectrometria de massa e evidência de falta de variações naturais significativas (Quadro 2), recomendou ao paládio a massa atômica de 106,42[23].

Os estados de oxidação comuns do paládio são 0, 2 e 4. As principais propriedades periódicas do elemento paládio são compiladas no Quadro 3.

Quadro 3 – Propriedades atômicas do paládio

Propriedades	Valores
Raio atômico (não ligado, Å)	2,10
Afinidade eletrônica ($kJ\ mol^{-1}$)	54,225
Eletronegatividade (Escala de Pauling)	2,20
1ª Energia de Ionização ($kJ\ mol^{-1}$)	804,389

Fonte: https://www.rsc.org/periodic-table/element/46/palladium. Acessado em 08 jan. 2021

[22] Fundada formalmente em 1899, a Comissão de Abundâncias Isotópicas e Pesos Atômicos foi criada a fim de introduzir uniformidade nos valores de massa atômica dos elementos usados em todo o mundo. Mais detalhes em: https://www.ciaaw.org/commission.htm. Acessado em 07 jan. 2021.

[23] https://www.ciaaw.org/palladium.htm. Acesso em 07 jan. 2021.

Elementar que a discussão sobre o paládio serve ao ensino, meu caro

As diversas discussões apresentadas ao longo deste capítulo sobre o paládio têm diversas implicações para o ensino de química em sala de aula. Em primeiro lugar, como vimos exaustivamente, é interessante sublinhar - caro professor - que os conceitos de *elemento*, *íon*, *substância simples*, *substância composta*, *substâncias e misturas*, dentre outros, têm significado preciso, específico no contexto do discurso químico e se referem a entidades químicas com características e propriedades bastante distintas. Investigações acadêmicas têm evidenciado que o uso indiferenciado, ambíguo desses conceitos em sala de aula ou em materiais didáticos pode causar diversos problemas de aprendizagem conceitual nos estudantes (BEGO et al., 2019; FURIÓ; DOMÍNGUEZ, 2007a, 2007b; FURIÓ; DOMÍNGUEZ; GUISASOLA, 2012). Por isso, um entendimento acurado e bastante cautela na abordagem são imperativos durante o planejamento e a execução das aulas de química.

O episódio histórico sobre a "descoberta" do paládio, descrito propositalmente de maneira minuciosa, ilustra diversas características da atividade científica e sobre os cientistas, para além daquelas caricaturas espalhadas em diversos materiais didáticos. Caricaturas que, em geral, apresentam os cientistas sempre como seres abnegados, de avental e óculos, descabelados, superinteligentes e que vivem em laboratórios sem vida social ou interesses econômicos, políticos e pessoais. Tais caricaturas apresentam também a ciência como uma atividade individualista, algorítmica, exata e infalível que, seguindo um "método" linear e empírico-indutivista, geraria sem erros sempre verdades absolutas. As características do episódio retratado, ao contrário, mostram-nos que o empreendimento científico é essencialmente coletivo e que a produção de conhecimentos depende de mecanismos dinâmicos e complexos de validação aceitos por uma comunidade, nos quais pode haver embates, teorias rivais, crises teóricas, rupturas de paradigmas, reformulações completas etc. E mostram que os cientistas são seres humanos passíveis de erros, conflitos éticos, dentre outros aspectos próprios das atividades laborais tipicamente humanas (BEGO et al., 2019; GIL-PÉREZ et al. 2001).

Finalmente, todos os processos envolvidos na produção do paládio metálico podem servir como fontes de contextualização para diversas discussões em sala de aula sobre mineralogia, separação de misturas, reações de oxirredução, equilíbrio iônico, produto de solubilidade, bem como relações entre ciência, tecnologia, sociedade e ambiente – CTSA (SANTOS; SCHNETZLER, 2010). Para além de narrativas simplistas sobre "descobertas dos elementos", pudemos ver a complexidade envolvida na obtenção de um metal raro de alto interesse comercial e social, e que tais descobertas envolvem, na realidade, processos físicos e químicos de isolamento, purificação e caracterização. O mesmo se aplica às discussões sobre o elemento paládio em nível atômico, suas características eletrônicas e suas consequentes propriedades periódicas.

Esperamos que este capítulo possa ser fonte de estudo, de referenciais teóricos e de ideias para as ações a serem empreendidas em sala de aula com vistas a um ensino de química menos mnemônico, estereotipado e reducionista. Mudar esse estado de coisas não é nada elementar, porém, meu caro, é mais do que necessário. Que o Epíteto de Atena nos inspire!

Referências

BEGO, A. M.; SUART JUNIOR, J. B. ; PRADO, K. F. ; ZULIANI, S. R. Q. A. Qualidade dos Livros Didáticos de Química aprovados pelo Programa Nacional do Livro Didático: análise do tema Estrutura da Matéria e Reações Químicas. *REEC. Revista Electrónica de Enseñanza de las Ciencias*, v. 18, p. 104-123, 2019a.

BEGO, A. M.; MORAES, D. P.; MORALLES, V. A.; BACCINI, L. R. O teatro de temática científica em foco: impactos de uma intervenção didático-pedagógica nas visões distorcidas de alunos do ensino médio sobre a natureza da ciência. *Química Nova na Escola*, v. 43, n. 3, p. 256-268, 2019.

CHILDS, J. D.; HALL, S. R. The crystal structure of braggite, (Pt, Pd, Ni)S. *Acta Crystallographica Section B*, v. 29, n. 7, p. 1446–1451, 1973.

FRENCH, S. *Ciência:* conceitos-chave em filosofia. Porto Alegre: Artmed, 2009.

FURIÓ, C.; DOMÍNGUEZ, M. C. Problemas históricos y dificultades de los estudiantes en la conceptualización de sustancia y compuesto químico. *Enseñanza de las Ciencias*, v. 25, n. 2, p. 241-258, 2007a.

FURIÓ, C.; DOMÍNGUEZ, M. C. Deficiencia en la enseñanza habitual de los conceptos macroscópicos de sustancia y de cambio químico. *Journal of Science Education*, v. 8, n. 2, p. 84-92, 2007b.

FURIÓ, C.; DOMÍNGUEZ, M. C; GUISASOLA, J. Diseño e implementación de una secuencia de enseñanza para introducir los conceptos de sustancia y compuesto químico. *Enseñanza de las Ciencias*, v. 30, n. 1, p. 113-128, 2012.

GIL-PÉREZ, D. et al. Para uma imagem não deformada do trabalho científico. *Ciência & Educação* (Bauru), v. 7, n. 2, p. 125-153, 2001.

IUPAC. *Compendium of Chemical Terminology,* 2nd ed. (the "Gold Book"). Compiled by A. D. McNaught and A. Wilkinson. Blackwell Scientific Publications, Oxford (1997). Online version (2019). Disponível em: https://doi.org/10.1351/goldbook. Acessado em: 26 nov. 2021.

LIVINGSTONE, S. E. *Comprehensive Inorganic Chemistry*. Pergamon Press: Oxford, 1973.

MIERZECKI, R. *The historical development of chemical concepts*. Varsóvia; Dordrecht: Polish Scientific Publishers; Kluwer Academic Publishers, 1991.

NYE, M. J. *Before big science*: the pursuit of modern chemistry and physics, 1800-1940. Cambridge: Harvard University Press, 1996.

SACKS, O. W. *Tio Tungstênio*: memórias de uma infância química. São Paulo: Companhia das Letras, 2011.

SANTOS, W. L. P.; SCHNETZLER, R. P. *Educação em Química*: Compromisso com a cidadania. 4 ed. Ijuí: Ed. Ijuí, 2010.

SOBRAL, L. G. S.; GRANATO, M.; OGANDO, R. B. *Paládio*: extração e refino, uma experiência industrial. Rio de Janeiro: CETEM/MCT, 1992.

USSELMAN, M. C. The Wollaston/Chenevix controversy over the elemental nature of palladium: A curious episode in the history of chemistry. *Annals of Science*, v. 35, n. 6, p. 551-579, 1978.

WOLLASTON, W. H. On the discovery of palladium; with observations on other substances found with platina. In: *Abstracts of the Papers Printed in the Philosophical Transactions of the Royal Society of London*. London: The Royal Society, 1832, p. 207-208. Disponível em: https://royalsocietypublishing.org/doi/10.1098/rstl.1805.0024. Acesso em 08 dez. 2021.

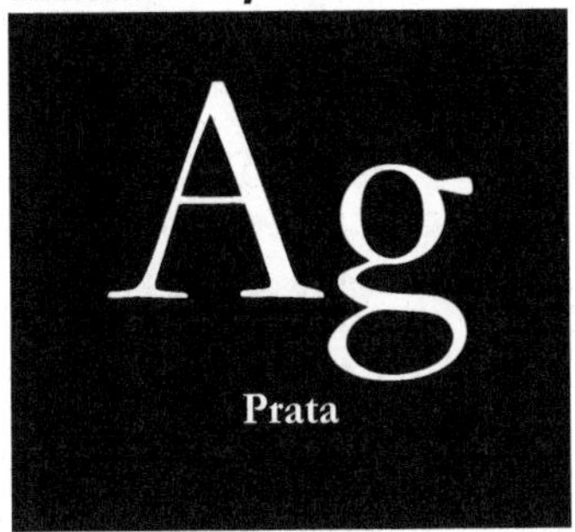

LOBISOMENS, FOTOGRAFIAS, ESPELHOS, BRILHO E SANGUE: A QUÍMICA DA LUA DE METAL

Hélio da Silva Messeder Neto

Professor, por que "Ag" é prata?

Feche os olhos. Não agora, termine de ler o parágrafo primeiro. Imagine que um lobisomem está chegando em sua residência, daqueles bem grandes e com garras bastante afiadas. Você está sozinho ou sozinha em casa, apenas a luz da lua ilumina o corredor. O barulho da criatura se aproximando é assustador. Você tem pouco tempo e precisa encontrar algo para se defender. Vamos, coloque essa cabeça para pensar! Para onde você corre? O que você tem em casa que pode deter esse monstro?

Você pode até achar o exercício imaginativo meio bobo, e provavelmente não fechou os olhos (e nem vai fechar), principalmente por saber que lobisomens não existem. E, caso existissem, eles estariam maratonando séries na Netflix, assistindo a reprise da saga Crepúsculo ou fazendo alguma dancinha em uma rede social da moda.

Antes que você desista deste texto e ache que o autor que vos escreve vive no mundo da lua, quero te tranquilizar, pois vamos sim falar de um elemento químico específico e da sua presença nas substâncias. Durante as páginas que se seguem, com algumas piadas de gosto duvidoso aqui e acolá, te convido a conhecer lendas, mitos, propriedades e os usos de um material que, ao lado do ouro e do cobre, foi um dos primeiros metais de que se tem registro de ser usado pelo ser humano. Esse metal de cor branca metálica brilhante e capaz de deter os lobisomens que eventualmente entrem na sua casa é chamado de **prata**.

Quando meus alunos iniciantes estão aprendendo a usar e a consultar a tabela periódica, em geral, eles costumam procurar a letra "P" para o elemento prata, mas, tão logo, para surpresa deles, "P" se refere ao elemento Fósforo (do latim *phosphorus*). Como a tabela periódica se organiza a partir dos nomes latinos dos elementos químicos, a prata será encontrada com o símbolo **Ag**, do latim *argentum* e que significa **brilhante**.

É de *argentum* que também vem a palavra Argentina, país atravessado pelo Rio da Prata e que ganhou esse nome devido às expedições e aos saques da prata existentes na região pelos espanhóis durante o século XVI (voltaremos a falar sobre isso em breve). Por conta da origem latina, encontramos nos dicionários a palavra argento como sinônimo para este metal brilhante.

Agora que sabemos a origem do nome do nosso metal precioso e também sabemos procurá-lo na tabela periódica, podemos conhecer mais sobre as suas propriedades. A substância prata é uma excelente condutora de corrente elétrica e calor, é fácil para confeccionar fios e lâminas, pode ser encontrada com alto grau de pureza na superfície e é pouco reativa frente aos compostos do ar. Trata-se de um metal considerado como precioso por conta da sua quantidade na natureza ser limitada e da sua resistência à corrosão.

A substância prata é formada por átomos de 47 prótons (valor equivalente ao seu número atômico), localiza-se no grupo 11 e no quinto período da tabela periódica. É importante destacar que os átomos de prata não são prateados. A cor é resultado da interação da luz com o conjunto de partículas, de modo que, o que vemos da substância prata é o resultado da interação da luz com diversos átomos, e não da cor de cada partícula. Deste modo, não dá para dizer que as partículas de prata são prateadas, embora as propagandas e os livros didáticos, ao falarem desse metal, adorem representá-lo com bolinhas prateadas.

A história do argento é marcada por um conjunto de misticismo e lendas. Como esse metal foi encontrado bem cedo na humanidade, a explicação da sua existência e das suas propriedades acompanhou o próprio desenvolvimento do conhecimento humano. Em algumas interpretações, e para alguns povos, o ouro era um metal filho do sol: radiante, brilhante e amarelo como ele. Já a prata seria filha da lua: branca, brilhante e encantadora. Em determinadas linguagens alquímicas, os desenhos de um sol e de uma lua crescente eram as formas de representar o ouro e a prata, respectivamente.

No entanto, caro leitor, creio que, diante dos tempos que vivemos, não devemos estagnar apenas em mitos e lendas. Embora a relação da prata com a lua seja bonita e poética (uma analogia que continuaremos usando neste texto), não podemos esquecer que a prata é um metal precioso e, como todo metal com alto valor de troca, a história acerca da sua mineração possui muito sangue retinto e pisado dos trabalhadores e povos originários das Américas. Histórias essas que são reais e muito mais assustadoras do que qualquer lenda de lobisomem.

Conheçamos, ainda que rapidamente, as lutas e o sangue por trás da nossa lua de metal.

Tem sangue retinto e pisado no brilho prateado: as veias abertas de uma breve história da prata

Como dissemos anteriormente, a humanidade conhece a prata há muito tempo. Babilônios, Egípcios, Gregos e Romanos já manuseavam esse metal de beleza ímpar. Contudo, a quantidade de prata nunca foi tão grande na Europa e África quando comparada com o que seria descoberto onde hoje chamamos de América Latina.

No fim do século XV e início do século XVI, os colonizadores espanhóis, ao chegarem às Américas, depararam-se com os grandes impérios dos povos que aqui habitavam. Os Incas, por exemplo, possuíam amplo desenvolvimento das forças produtivas, uma arquitetura fabulosa, relativo domínio de ferro e aço, extensas redes de estradas e comunicação na sua malha territorial. Os povos Incas dominavam também o manejo da prata. Além do uso deste material para adornos e homenagens aos deuses, o metal também podia ser encontrado em vários crânios humanos, demonstrando que os médicos desse povo já utilizavam o argento para fins medicinais.

Os Incas não usavam a prata com fins comerciais. Exploravam a prata esporadicamente. Isso mostra o quanto a relação entre a riqueza e os metais tidos como preciosos é uma relação social. O valor atribuído aos metais depende de como organizamos nossa vida socialmente. Vejam, caros leitores, a prata não é, em si mesma, responsável por despertar a cobiça ou a ganância, mas o modo como valoramos o metal, numa sociedade regida pela mercadoria, é o que faz com que ele seja extraído sem limites na natureza. A mineração desenfreada dos metais não é uma característica intrínseca da humanidade e a história dos povos pré-colombianos nos mostra isso.

A chegada dos colonizadores nas Américas não teve o propósito de conhecer o modo como as civilizações construíam a vida. Ao descobrirem as grandes minas de prata em locais como México, Bolívia e Peru, o processo de extração do minério pelos espanhóis começa a acontecer a todo vapor, e isso aumentou consideravelmente a produção de prata no mundo.

Quando se depararam com a grande mina de prata em Potosí, região da atual Bolívia, os espanhóis criaram uma estrutura (cidades, impostos, escoamento e envio de metais para a Espanha) pouco vista em processos de colonização. Potosí foi a maior jazida de prata encontrada no mundo, sendo explorada por três séculos. E, devido às condições impostas pelos espanhóis aos trabalhadores, cerca de 8 milhões de pessoas[24] foram mortas nesses 300 anos. Os povos originários eram arrancados de suas comunidades e enviados até essa mina localizada em uma região íngreme, muitos deles morriam a caminho de Potosí, mas a maioria das mortes ocorria no processo de mineração, justamente pelas terríveis condições de trabalho.

Entre o século XVI e XVIII, Bolívia, Peru e México foram responsáveis por quase toda a prata mundial. Isso significa, caro leitor, que o brilho polido da prata que existe em grande parte do mundo carrega sangue, suor e lágrimas de um povo escravizado e expropriado da terra. É sangue retinto pisado escondido no brilho prateado dos talheres de prata, correntes, pulseiras e esculturas. É a expropriação do trabalho de um povo que morreu, e ainda morre[25], nesse processo de mineração centrada na mercadoria.

Vale destacar que, no início do processo de extração da prata, os europeus usaram a tecnologia Inca para a obtenção da prata mais pura. Os colonizadores manuseavam fornos elaborados pelos próprios povos indígenas, os quais, pelo processo de fusão, conseguiam separar a prata de outros materiais. Ou seja, os colonizadores não só saquearam os povos como também as suas tecnologias.

Por volta de 1570, os europeus encontraram minas de mercúrio próximas do local onde a prata era extraída. A interação entre o mercúrio

---

[24] Esse dado pode ser encontrado no clássico livro de Eduardo Galeano: *As Veias abertas da América Latina*.
[25] Sugerimos a leitura da reportagem sobre as condições dos trabalhadores em Potosí, no ano de 2013: https://apublica.org/2013/07/diario-nas-entranhas-de-potosi-morte-vem-aos-40/.

e a prata permite a formação de uma amálgama e essa mistura é de fácil separação de outros minérios e cascalhos. A partir da amálgama é relativamente fácil obter a prata pura, visto que o mercúrio passa para o estado gasoso em temperatura menor do que a prata, o que garante a purificação do nosso material de interesse. A presença de mercúrio no ar contribuiu para o ambiente insalubre das minas, dada a toxicidade dessa substância.

No século XIX, outros países também se destacaram na produção da prata. México e Peru continuam até hoje como líderes da produção do metal, seguidos por China, Rússia, Chile e Bolívia. O Brasil não é um país com grandes reservas de prata e, por esse motivo, importa produtos manufaturados desse metal dos dois produtores mais destacados da América Latina.

A história do argento, como vimos, está longe de ser glamourosa. Tendo conhecido esse passado, agora é hora de sabermos sobre as aplicações da prata. Em que será que esse metal é usado? Será que os Incas estavam certos na sua aplicação medicinal? O que mais a prata possui além do seu brilho característico cor da lua? É sobre isso que iremos falar na próxima seção.

Para curar feridas, me olhar no espelho e ostentar: usos e abusos da prata

A prata possui um conjunto de propriedades que são importantes para o uso da humanidade. Dentre os metais, é o que melhor conduz corrente elétrica, além de ser um excelente condutor de energia em forma de calor. Por conta de tais propriedades, a prata é usada em componentes eletrônicos, baterias e placas de circuitos para TV. Panelas feitas com prata também seriam excelentes para cozinhar, visto que um dos atributos que faz esse utensílio ser excelente é justamente a sua capacidade de distribuir calor por toda a sua extensão. Claro que, por conta do seu valor e da sua raridade, é difícil o uso abundante da prata tanto para utensílios domésticos quanto para fios condutores de corrente em grande escala. Logo, nessas situações, o cobre tem sido um bom substituto.

Outro destaque para a prata vem da sua propriedade de refletir a luz. Como um excelente metal refletor, ela é usada no processo de fabricação de espelhos. No século XIV, em Veneza, os artesãos despejavam uma fina camada de prata sobre o mármore e vertiam sobre ela o mercúrio. Como já dissemos, o contato da prata com o mercúrio formava uma amálgama e sobre essa liga se colocava o vidro – com muita delicadeza para não formar bolhas. A combinação vidro-liga de metal produzia espelhos memoráveis. Os espelhos venezianos eram muito famosos na Europa. Porém, como os artesãos manipulavam diretamente o mercúrio, uma substância com alta toxicidade, a maioria ficava doente rápido e muitos deles não tinham dentes (um dos efeitos da intoxicação com mercúrio).

É só durante o século XVIII que o químico Justus von Liebig inventa um método de fazer espelhos de qualidade e que não envolve o mercúrio, mas utiliza nitrato de prata, solução amoniacal e glicose[26]. Embora mais caro, o processo é mais seguro, porém só ganhou escala industrial quando, no século XIX, o uso de mercúrio foi proibido no processo de fabricação deste objeto que reflete a nossa imagem. Hoje existem espelhos fabricados com alumínio ao invés da prata, mas a nossa lua de metal ainda é usada quando desejamos uma maior qualidade do reflexo e pouca distorção.

Mas, além de ajudar a refletir a nossa imagem, durante muito séculos, a prata também ajudou a humanidade a guardar suas lembranças no tempo. Antes da era digital, a maior demanda da extração de prata era para a fotografia. Sim, os sais de prata são muito sensíveis e enegrecem à medida que são expostos à luz. O controle da exposição de luz em papéis embebidos de sais de prata era o que garantia uma maior ou menor nitidez das fotos.

O único problema, caro fotógrafo prateado iniciante, é que os sais de prata não param de reagir com a luz – seja no momento desejado por nós ou quando a foto está pronta. Os sais continuam a reagir com a luz, logo, aquela foto feita com controle e cuidado, começa a empretecer. Assim, a dificuldade que se estabeleceu com essa técnica foi a de impedir que os sais de prata continuassem fotossensíveis. Quem resolveu esse problema foi John Herschel, ao mergulhar o papel em uma solução de tiossulfato ($Na_2S_2O_3$), capaz de interromper a ação da luz sobre a fotografia, já que esse composto reage com os sais restantes que não reagiram com a luz, formando um material solúvel em água e evitando que a reação continue.

A prata também tem desempenhado um papel controverso no processo da fabricação de chuvas artificiais. Do alto de aviões é lançado iodeto de prata (AgI) na base ou no topo das nuvens, e essa substância serve como aglutinadora de gotas menores de água. Os íons prata e o

---

[26] Para mais detalhes sobre como se dá esse processo, e para realização de um trabalho experimental que resulta numa espécie de espelho de prata, sugerimos a consulta ao site: https://www.manualdaquimica.com/experimentos-quimica/experimento-espelho-prata.htm.

iodeto têm carga e tamanho suficiente para atrair as moléculas de água e formar gotas mais pesadas, levando-as à precipitação. Usa-se também, como alternativa ao iodeto de prata, o cloreto de sódio. Vale destacar que essa técnica não produz chuva, pois é preciso que a água já esteja nas nuvens, ela apenas acelera o processo ou faz com que as nuvens que poderiam ser levadas pelo vento se precipitem no local onde o procedimento é realizado. Existem muitos debates ambientais sobre o uso desses sais, pois, uma vez que a chuva cai, ela arrasta esses íons que certamente vão para o solo, para os rios etc., ou seja, modificando o ecossistema local.

Outro uso fenomenal da prata é através das suas propriedades curativas. Não estou falando de nenhuma propriedade mágica, mas sim que os íons Ag^+ tem ação antibacteriana e antifúngica. O mecanismo proposto é de que a prata destrói a parede celular, essencial para a vida e reprodução dos microrganismos. Essa propriedade da prata já era conhecida e muito utilizada para armazenar água em viagens marítimas de longa distância, por exemplo.

Com o avanço tecnológico, a ciência começou a elaborar materiais com nanopartículas de prata (partículas da ordem de 1 a 100 nanômetros, contendo cerca de 15 – 20.000 átomos de prata) que seriam muito mais eficientes que os íons prata isolados. A elaboração de tecidos com nanopartículas do nosso metal precioso – para a fabricação de jalecos, toalhas, lençóis e outros materiais de hospital – tem sido uma excelente solução para ajudar a proteger mais pessoas que frequentam ambientes onde há uma maior probabilidade de exposição aos microrganismos patogênicos.

Essa tecnologia também tem sido usada para tecidos de roupas de atletas (profissionais e/ou de fim de semana), evitando os odores ruins causados pelas substâncias liberadas quando as bactérias da superfície da pele se alimentam do suor. O tecido mata esses microrganismos e você sai da academia, ou do *Crossfit*, suado, porém cheiroso. O tecido também pode ser usado para a confecção de meias, acabando de vez com o chulé.

Por fim, não se pode esquecer dos usos decorativos do nosso metal. Os objetos e joias de prata, juntamente com o ouro, sempre foram motivos de ostentação para os mais abastados. Nas casas das famílias mais ricas, os talheres e os utensílios de prata eram utilizados em jantares especiais, e é daí que surge a expressão "prata da casa", referindo-se a oferecer o melhor que se tem. Se sua mãe ou pai diz que você é prata da casa, isso é sinal de que o seu filme de nitrato de prata revelado não está queimado.

Pela sua maleabilidade, pouca reatividade e raridade, a prata é excelente para joias, pois causa pouca alergia, visto que reage muito pouco com substâncias liberadas pelo organismo. A prata também é muito mole quando pura, por isso, para joias e outros utensílios, ela aparece como liga, geralmente com cobre ou latão (liga de cobre (Cu) e zinco (Zn)).

Embora pareça perfeita, não raro, vemos pessoas reclamando que a prata ficou escura, principalmente quando se fala de joias. Mas, o que será que faz a corrente de prata ou o anel de prata empretecer? Será que a química pode ajudar a recuperar o brilho da minha pulseira prateada? É sobre isso que falaremos a seguir.

A lua me traiu: usando a química para voltar a brilhar

Se você tiver um cordão de prata e usá-lo por muito tempo, provavelmente irá vê-lo escurecer e perder o brilho. Mas, se a prata é tão estável, cheia de propriedades, como poderia ficar escura tão fácil? Será que essas joias são falsas? Vamos pensar quimicamente para explicar o fenômeno.

Quando vemos um objeto de prata escurecer, podemos afirmar que o metal oxidou. O processo de oxidação para substâncias metálicas indica que o metal perdeu elétrons e reagiu com outras substâncias, isto é, formando outra espécie que tem características diferentes do metal inicial. Confuso? Nem tanto. Com certeza você já viu um ferro oxidar, ou enferrujar, como gostamos de chamar. Neste caso, o ferro metálico perde elétrons e reage com a água e o oxigênio do ambiente, o que leva a formação da ferrugem, ou seja, óxidos de ferro. No caso da prata, o processo é semelhante. A prata, em contato com o oxigênio e com compostos, como o enxofre, perde elétrons e se transforma no sulfeto de prata (Ag_2S), uma substância de cor azulada, quase violácea, e que se torna preta com o tempo.

Mas, de onde vem esse enxofre? A resposta é mais fácil do que parece. Por conta da poluição, a atmosfera possui uma quantidade considerável de compostos sulfurados, o que contribui para a prata oxidar.

Entretanto, o problema não está só na atmosfera, o nosso suor também contém aminoácidos que possuem enxofre na sua estrutura, e, ao reagir com a água, tem como um dos produtos reacionais o ácido sulfídrico (H_2S). Tal ácido, na presença do oxigênio do ar, reage com a prata e forma o sulfeto de prata (Ag_2S). Uma equação química talvez ajude a entender melhor o que eu acabei de descrever, afinal é para isso que essas representações servem. Vejam a seguir:

$$4Ag(s) + O_2(g) + H_2S(aq) \rightleftharpoons 2Ag_2S(s) + 2H_2O\ (l)$$

Assim, recomendamos fortemente que, ao realizar alguma atividade física, não só use tecidos com nanopartículas de prata, mas também retire a sua corrente. Visto que, quanto mais transpiração, maior a chance da sua prata escurecer.

A quantidade de alimentos com compostos sulfurados, e que também contribuem para a prata perder o seu brilho, é bastante ampla. Ovo, cebola, brócolis, couve, repolho e mostarda são alimentos que apresentam na sua estrutura compostos com enxofre, os quais sofrem decomposição com o aquecimento ou apresentam reação com outros compostos da cozinha e formam várias substâncias que empretecem a prata. Isso é, também, o que justifica os utensílios de prata de cozinha terem que ser constantemente polidos. Problemas que certamente não teremos, afinal, não possuímos talheres de prata em casa, não é mesmo? De todo modo, ao cozinhar, não custa nada deixar reservadinho o seu anel de prata.

Mas, e se a prata escureceu, tem jeito? Tem sim, e é mais fácil do que matar lobisomem com bala prateada. Para deixar a sua prata limpinha você precisa oferecer um metal de sacrifício. Isso mesmo. Para que o sulfeto de prata (Ag_2S) reduza, e volte a ser prata, algum metal precisa oxidar. Para a nossa sorte, um metal que pode fazer bem esse papel é o alumínio. Então, para que o seu anel, corrente ou pulseira de prata volte a ter a cor brilhante de antes, basta enrolar seu utensílio de prata em um papel alumínio, aquecer 250 ml de água até ela quase ferver, colocar 1 colher de sopa de sal de cozinha, misturar bem, fazer a imersão do seu pacotinho nessa solução de água e sal, esperar cerca de 3 minutos e, por fim, você verá a mágica, digo, a ciência acontecer e seu objeto de prata estará maravilhoso. *(Sempre quis dar uma receita como se fosse um apresentador de programa matinal de cozinha, esse momento é meu!)*. Então é isso, água salgada quentinha, papel alumínio e sua prata estará de volta em 3 minutos, quase um macarrão instantâneo da recuperação.

Não é sua a lua que eu te dei: lembrem-se, nem tudo que reluz é prata

Ao longo desse texto, vimos que a prata é um metal com muitas histórias para contar. Desde a sua vinculação lendária com a lua, o mito de que ela seria a kryptonita dos lobisomens, e até o seu uso na nanotecnologia, a prata se mostrou um elemento químico versátil, atravessando a história da humanidade e contendo na sua linha do tempo a dor e a delícia do ser humano no seu conhecimento com a natureza.

Eu espero que esse texto te ajude a olhar para o elemento prata, não apenas como um quadradinho da tabela periódica, mas como um tipo de átomo que compõe concretamente quem somos, o que usamos e que se cruza com a nossa história. Todo elemento químico tem história e nós, humanos, fazemos, de algum modo, parte dela. Ou melhor, fazemos também a história dos elementos, costurando nossas vidas com suas existências e aplicações.

Em tempos de *fake news*, nunca é tarde para dizer que nem tudo que reluz é prata. Ao longo da pesquisa bibliográfica para a construção deste texto, vi muita gente recomendando o uso de coisas de prata para se conectar com a lua e que isso faria a sua vida mudar. Embora tenhamos visto que, durante muito tempo, vinculou-se o brilho da lua com a prata, sabemos hoje que esse astro não é feito de prata e que a sua cor não tem nenhuma relação com o metal (lembrando que a lua nem tem luz própria!). Assim, não caiam nessa! A aparência não se confunde com a essência das coisas. A Terra parece plana, mas não é. A lua parece prata, mas não é. Nem o ouro te conecta com o sol e nem a prata te conecta com a lua. A lua não toca no mar e nem pode nos tocar com a prata.

A prata segue sendo importante para a humanidade, mas aprendamos com os Incas: para que ela cumpra a sua função é preciso lutar para não olharmos esse material como mercadoria e nem como mágica, e sim com propriedades materiais que certamente nos ajudarão a melhorar nossas vidas, caso avancemos para um uso deste metal de modo a não destruir a natureza.

Espero, de verdade, que depois da leitura dessas linhas, toda vez que você olhar para coisas de prata, bata no seu coração uma revolta histórica pelo que foi e o desejo de construir um mundo novo onde o metal brilhante jamais seja mais importante que a vida de nenhum ser humano. Só assim a prata poderá brilhar como jamais brilhou e a lua poderá ser pensada e admirada para a verdadeira poesia.

E não esqueça: é bom investir em tecidos com nanopartículas de prata, assim você não precisará correr do próximo lobisomem quando ele aparecer em sua casa, na verdade, você vai poder até tirar uma *selfie* com ele e atualizar a sua rede social badalada.

Referências

ALFONSO-GOLDFARB, A. M.; FERRAZ, M. H. M. A passagem da alquimia à química: uma história lenta e sem rufar de tambores. *ComCiência,* n. 130, p. 0-0, 2011.

ANDRÉ, J. P. Espelho meu, espelho meu... *Boletim da Sociedade Portuguesa de Química*, v. 39, n. 136, p. 51-53, 2015. Disponível em: https://repositorium.sdum.uminho.pt/bitstream/1822/50748/1/espelho%20meu.pdf. Acesso em: 17 nov. 2021.

BARBOSA, V. Chuva artificial? Veja polêmica da técnica já usada no país. *EXAME*, São Paulo, 09. fev. 2014. Disponível em: https://exame.com/tecnologia/como-se-faz-chuva-artificial-e-por-que-ela-e-tao-polemica/. Acesso em: 17 nov. 2021.

CARVALHO, P. S. *Da prata à platina*: ciência e soberania hispânica no século XVIII. 2021. Dissertação (Mestrado em História) – Faculdade de Ciências Humanas e Sociais, Universidade Estadual Paulista Júlio de Mesquita Filho, Franca, 2021.

COMO é feito o espelho?. *Superinteressante.* 2011. Disponível em: https://super.abril.com.br/mundo-estranho/como-e-feito-o-espelho/ . Acesso em: 18 nov. 2021.

CONHEÇA as vantagens do faqueiro de prata. *Preçolandia Blog.* 2019. Disponível em: https://www.precolandia.com.br/blog/vantagens-do-faqueiro-de-prata/. Acesso em: 19 nov. 2021.

DEVEZA, F. O caminho da prata de Potosi até Sevilha (séculos XVI e XVII), *Revista Navigator*, v. 2, n. 4, 79-87, 2006.

ELIADE, Mircea. *Ferreiros e alquimistas*. Rio de Janeiro: Zahar, 1979.

FERNANDES, R. L. *O império inca e a economia da América pré-colombiana*. 2010. Trabalho de Conclusão de Curso (Bacharelado em Ciências Econômicas) – Faculdade de Ciências Econômicas, Universidade Federal do Rio Grande do Sul, Porto Alegre, 2010. Disponível em: https://www.lume.ufrgs.br/handle/10183/25450. Acesso em: 15 nov. 2021.

GALEANO, E. *As veias abertas da América Latina*. 12. ed. São Paulo: L&PM, 1999.

GENTIL, V. *Corrosão*. 3. ed. Rio de Janeiro: Livros Técnicos e Científicos, 1996.

GIOPATTO, J. P. A prata na fotografia. *Sociologia Elementar*. 2019. Disponível em: https://sociologiaelementar.wordpress.com/2019/10/19/a-prata-na-fotografia/ Acesso em: 19 nov. 2021.

GOMES, A. V. S. ; COSTA, N. R. V.; MOHALLEM, N. D. S. Os tecidos e a nanotecnologia. *Química Nova na Escola*, v. 38, n. 4, p. 288-296, 2016.

MORIOKA, R. M.; SILVA, R. R. A Atividade de Penhor e a Química. *Química Nova na Escola*, v. 34, n. 3, p. 111-117, 2012.

NAVARRO, R. F. A Evolução dos Materiais. Parte II: A Contribuição das Civilizações Pré-Colombianas. *Revista Eletrônica de Materiais e Processos*, v. 3, p. 15-24, 2008.

O QUE faz o espelho refletir imagens? *Superinteressante*. 2007. Disponível em: https://super.abril.com.br/ciencia/o-que-faz-o-espelho-refletir-imagens/. Acesso em: 18 nov. 2021.

PORTO EDITORA. *Metalurgia dos Incas* na Infopédia. Porto: Porto Editora. Disponível em: https://www.infopedia.pt/$metalurgia-dos-incas. Acesso em: 16 nov. 2021.

QUAL a origem dos nomes dos países da América Latina? *BBC News Brasil*, 25 jun. 2016. Disponível em: https://www.bbc.com/portuguese/internacional-36630446. Acesso em: 18 nov. 2021.

SALLES, F. *Breve história da fotografia*. Miniweb, 2004. Disponível em: http://www.miniweb.com.br/Artes/artigos/Hist%C3%B3ria_fotografia.pdf Acesso em: 19 nov. 2021.

SARTORI, E. R.; BATISTA, E. F.; FATIBELLO-FILHO, O. Escurecimento e limpeza de objetos de prata-um experimento simples e de fácil execução envolvendo reações de oxidação-redução. *Química Nova na Escola*, v. 30, p. 61-65, 2008.

SOUZA, G. D. ; RODRIGUES, M. A.; SILVA, P. P.; GUERRA, W. I. Prata: breve histórico, propriedades e aplicações. *Educación química*, v. 24, n. 1, p. 14-16, 2013.

THE SILVER INSTITUTE. *World Silver Survey 2019*. London: Park Communications, 2019. Disponível em: https://www.silverinstitute.org/wp-content/uploads/2019/04/WSS2019V3.pdf. Acesso em: 19 nov. 2021.

WOLKE, R. L. *O que Einstein disse a seu cozinheiro, vol. 2.* Rio de Janeiro: Zahar, 2010.

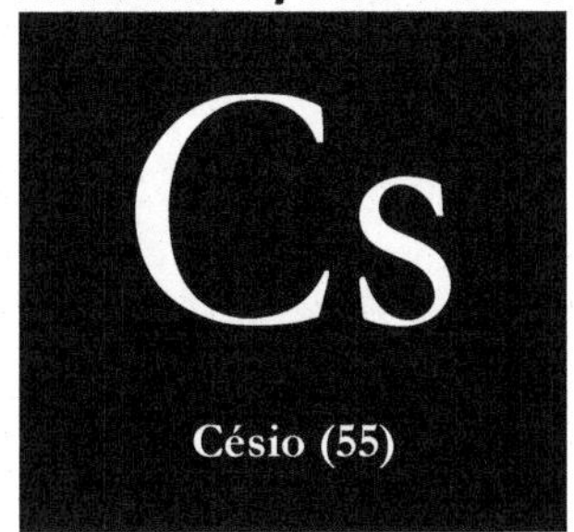

A HISTÓRIA DO ACIDENTE DO CÉSIO^{137} EM GOIÂNIA E A ESCOLHA PELO CURSO DE QUÍMICA

Eduardo Luiz Dias Cavalcanti

Primeiro contato com a disciplina química

Elementar meu caro leitor. Como professor e contador de história irei descrever nesse texto, não somente sobre o elemento químico Césio, mas, sobre uma cidade, um acidente e como a ciência é importante, fascinante e contribuiu para que eu me tornasse professor de química.

Essa história começa em 1996 quando comecei a cursar o primeiro ano do Ensino Médio e ter aulas da disciplina química em uma escola pública de Goiânia. Como quase todas as escolas públicas daquela época em Goiás, o Colégio Estadual Pedro Xavier Teixeira era cheio de professores temporários, com muitos professores ainda em formação, cursando licenciaturas ou até mesmo cursos fora da área de formação da disciplina ministrada.

Nós dessa turma não fomos diferentes, as disciplinas de física, química, biologia e matemática foram ministradas por professores substitutos, no entanto, tivemos sorte com a química, pois, nosso professor cursava licenciatura em química na Universidade Federal de Goiás, o que fez toda a diferença no ensino dessa disciplina tão complexa.

Apesar de ter tido química na antiga oitava série, na disciplina de ciências, a disciplina "sozinha" nos dava um medo, pois tinha um índice de reprovação alto. O professor era muito bom e mesmo com um ensino extremamente tradicional (peculiar para a época), a disciplina era conduzida com muito cuidado e nós estudantes, no geral, gostávamos da "matéria" e eu particularmente me saia bem e me interessava bastante pela disciplina, juntamente com física, biologia e matemática.

Conhecendo os elementos químicos

Como já mencionado, na antiga oitava série, hoje nono ano, tínhamos a disciplina de ciências com conteúdos de química e física. Sendo assim, já havíamos tido contado com a tabela periódica e estudado alguns elementos químicos como hidrogênio, oxigênio, cloro, carbono e outros elementos químicos classificados como representativos na tabela periódica dos elementos.

No Ensino Médio, estudávamos com o livro do Ricardo Feltre (quem da década de 80,90 e até início dos anos 2000 não teve contato com esse livro?). O livro do primeiro ano era um livro laranja com um atleta de salto com vara na capa. Arrisco-me a dizer que todos os professores daquela época ensinavam alguma frase de efeito ou música para que os estudantes decorassem os elementos químicos. Principalmente os elementos representativos, além de falarem sobre as famílias em que esses elementos estavam contidos. A família 1A, a frase que foi nos ensinada era: **Li Na K**apa da **R**evista **B**rasileira **C**oisas **S**obre a **Fr**ança, na qual as letras em negrito representam o símbolo dos elementos. Chamo aqui a atenção para dois aspectos dentre os inúmeros problemas de se ensinar os estudantes a decorarem os elementos químicos. 1 – Na frase não há o Hidrogênio mostrando que apesar do "decoreba" o professor entende que o elemento químico Hidrogênio, não pode ser classificado com um metal alcalino, mesmo que todas as tabelas periódicas da época retratavam o Hidrogênio na família 1A. 2 – A analogia horrível de relacionar as letras das palavras aos elementos, na qual Rubídio e Césio representam na frase construída, duas palavras e pode causar confusões e problemas de entendimento.

Assim, se aplica as demais famílias dos elementos representativos para que os estudantes conhecessem o máximo de elementos possíveis, além daqueles principais elementos de transição, como por exemplo, Prata, Ouro, Ferro, Cobre, Tungstênio entre outros.

Após conhecer alguns elementos químicos organizados pela tabela periódica aprendemos a simbologia, números (atômicos e de massa) e propriedades dos átomos. Algo me chamou a atenção nesse conteúdo, pois ouvia muitas histórias sobre o acidente do Césio 137, as pessoas em

Goiânia falavam bastante sobre esse tal Césio 137. Mas afinal o que significa o 137?

Lembro-me que fiquei confuso ao saber que a massa do Cs era 132,9 u. e seu número atômico 55. Esse elemento químico pertencente a família 1A da tabela periódica e não possuía 137 de massa! O que será esse número? Será outro elemento? Ou alguma outra propriedade que não aprendemos?

Aprendemos também que seu ponto de fusão é 28ºC e por isso ele é um dos raros metais que podemos considerar líquidos na temperatura ambiente. Possui ponto de ebulição de 670ºC e, seguindo as características dos elementos químicos da família 1A, reagem violentamente e exotermicamente com a água, assim como potássio e sódio, formando CsOH (hidróxido de césio) e, portanto, na sua forma metálica precisa ser armazenado em líquidos apolares (KOTZ e TREICHEL, 2005).

O Césio é encontrado na natureza como um material, ou seja, um mineral que possui outros elementos químicos além do Césio, como por exemplo, a polucita que é uma espécie de alumínio silicato de césio, um mineral encontrado nos Estados Unidos, África e principalmente no Canadá (RUSSEL, 1994).

Mas foi somente ao estudar o conteúdo de isótopos, isóbaros e isótonos (que hoje em dia não é mais lecionado) que descobrimos que o Cs^{137} significava um isótopo do elemento químico Césio 132,9, ou seja, outro elemento químico que possuía também número atômico 55, mas um número de massa maior, assim chamado de isótopo do Césio. Hoje sabemos que o 137 não é o único isótopo para o Cs, assim como o Hidrogênio que possui $^{1}H_{1}$, $^{2}H_{1}$, $^{3}H_{1}$ e outros elementos químicos como o Carbono que tem um isótopo bastante conhecido o C^{14} (BRADY E RUSSELL, 2002).

O Césio 137 é utilizado na indústria de conservação de alimentos, na medicina, em aparelhos de raios-x e radioterapia, onde seus feixes radioativos são incididos em células cancerígenas para sua destruição, é usado também em células fotovoltaicas e em relógios atómicos, como o NIST-F1 que marca o horário com precisão da América.

Foi assim que passamos metade do nosso primeiro ano do Ensino Médio estudando sobre os átomos, tabela periódica, propriedades periódicas, distribuição eletrônica, números quânticos e ligações químicas. Como o césio é um átomo que pouco aparece em reações químicas, logo, deixamos de ter contato com ele em outros conteúdos. Ao longo do ano letivo de 1996 passamos a estudar outros conteúdos de química, como ácidos, bases, sais, óxidos, reações químicas, entre outros, e aqueles elementos químicos não muito usuais como o césio foram deixados de lado. Só voltei a ouvir falar do césio novamente no ano seguinte, 1997, no qual fazia dez anos do acidente radiológico do Cs^{137} em Goiânia (MACHADO, 2017).

O acidente radiológico de Goiânia

Em Goiânia, em setembro de 1987, houve o maior acidente radiológico do mundo, envolvendo o césio-137. Especialistas da época comparavam-no ao maior acidente nuclear do mundo, o de Chernobyl! Mas qual é a diferença entre os dois? Descobri em uma visita a CNEN (contarei sobre isso adiante), que o acidente em Pripyat na usina de Chernobyl foi um acidente nuclear, pois houve explosões de reatores, lançando material radioativo na atmosfera e no acidente em Goiânia não houve explosão, ou fissão ou fusão nucleares como acontece no sol, por exemplo, e sim, a exposição de um material causando contaminações locais e pontuais por conta do sólido (pó) que brilhava no escuro com uma cor azulada chamando a atenção das pessoas.

Segundo a Secretaria de Saúde do Estado de Goiás, em 27 de setembro de 1987, dois catadores entraram nas instalações do Instituto Goiano de Radioterapia, que estava mudando para outro local deixando equipamentos obsoletos para trás. Pensando em ganhar algum dinheiro, esses catadores levaram um aparelho de radioterapia para um ferro-velho na Rua 57 do centro de Goiânia. Lá desmontaram o aparelho encontrando em seu interior uma cápsula de chumbo (GOIÁS, 2012). O dono do ferro-velho, seu Devair Alves Ferreira, ao abrir a cápsula encontrou um sólido branco que brilhava no escuro emitindo uma cor azul, era o cloreto de césio. O CsCl lembra o sal de cozinha NaCl, pois césio e sódio, por estarem na mesma família, possuem propriedades semelhantes, no entanto, diferentemente do sódio, o elemento químico césio, proveniente desse composto, era o isótopo radioativo Cs^{137}, tornando aquela substância radioativa.

Logo seu Devair espalhou a substância para amigos e parentes, por achar que se tratava de um material precioso. Seu irmão, Ivo Alves Ferreira levou um pouco desse sólido para casa, onde sua filha caçula Leide das Neves teve a maior exposição ao material, brincando com ele, passando-o no rosto e até ingerindo pequenas quantidades. Assim, a contaminação radioativa se espalhava e as pessoas que tiveram contato com a substância, começaram a sentir tonturas, perda de cabelos, vômitos e náuseas.

Goiânia começa a ganhar destaque nacional e internacional com a notícia do acidente radiológico, especialistas do Brasil e de outras partes do mundo vieram a Goiânia, incluindo pessoas da Agência Internacional de Energia Atômica que auxiliaram no desastre de Chernobyl, para ajudar na contenção da radiação e no tratamento das pessoas contaminadas. Técnicos da Comissão Nacional de Energia Nuclear (CNEN) utilizavam o contador Geiger para medir o nível de radiação nas pessoas no Estágio Olímpico (no centro da capital e próximo ao ferro-velho) que formavam enormes filas de pessoas desesperadas, principalmente aquelas que moravam perto do local ou tiveram contato direto ou indireto com o cloreto de césio (MACHADO, 2017).

O medo e receio não eram somente dos moradores próximos ao local do acidente, o goiano ficou estigmatizado naquele período. Rodoviárias de outras cidades como a do Tietê em São Paulo possuíam fiscalização para ônibus que chegavam de Goiânia, com técnicos medindo o nível de radiação em quem desembarcava. Há relatos de pessoas que viajavam de carro em férias, que trocavam a placa do carro para cidades vizinhas como Anápolis, por exemplo, com medo de sofrer algum tipo de preconceito por conta do Césio.

Obviamente Goiânia não estava apta a tratar as pessoas contaminadas e em outubro daquele mesmo ano as pessoas em estado mais grave, como a menina Leide das Neves, os dois catadores que pegaram o aparelho de radioterapia, seu Devair e sua esposa Maria Gabriela e mais dois funcionários do ferro-velho foram levados para o hospital Marcílio Dias no Rio de Janeiro. Ao final do mês, Leide das Neves, sua tia Maria Gabriela e os dois funcionários falecem, seus corpos retornam a Goiânia em caixões de chumbo o que na época causou espanto e desespero à população que começava a entender o perigo da radiação no ser humano (GOIÁS, 2012). Algumas especulações ocorreram como, por exemplo, com a chegada do período chuvoso a contaminação do lençol freático e de outros bairros mais distantes do centro da cidade. A equipe de especialistas, técnicos e outros profissionais retiraram casas inteiras, carros, animais domésticos e uma parte do solo onde a contaminação foi maior, deixando para a história, quatro mortos, mais de duzentos contaminados e cerca de 7 toneladas de lixo radioativo depositados em contêineres, guardados e monitorados na cidade de Abadia de Goiás (cerca de 22Km de Goiânia), na qual funciona uma espécie de filial da CNEN o Centro Regional de Ciências Nucleares do Centro Oeste.

Visita a CNEM e o impacto na decisão por fazer um curso de ciências

Quando se fala nesse acidente ou em qualquer outro acidente radioativo perguntas vêm à tona fatalmente: o que fazer com todos os rejeitos radioativos? Onde descartar todo esse lixo? Existe um procedimento para isso? Penso eu que em 1987, no Brasil, ainda não existia uma política definida para tal ocasião. Lendo materiais a respeito do acidente do Césio, percebemos que José Sarney presidente do Brasil queria mandar todo o lixo para a Serra do Cachimbo no estado do Pará. Porém, nenhuma cidade ou estado brasileiro queria receber essa "encomenda" e houve muitos protestos para que os rejeitos ficassem em Goiânia que por sua vez também não queria esse "presente" e foi assim, com um projeto de lei enviado ao Congresso Nacional que o então presidente da república Sarney determina que cada estado é responsável pelo seu próprio material radioativo e consequentemente pelo depósito dos seus rejeitos (MACHADO, 2017).

Abadia de Goiás (não confundi-la com Abadiânia, cidade que abrigou o João de Deus e conhecida por gente do mundo todo), que já era um destino provisório para todo esse material radioativo, vira um local definitivo para o armazenamento e monitoramento de todo esse rejeito sob coordenação da CNEN.

Pulando para 1997, ou seja, dez anos depois do acidente que marcou Goiânia, nosso professor de química organizou uma excursão para os estudantes do 3º ano do Ensino Médio para uma visita a CNEN de Abadia de Goiás. Na ocasião eu cursava o 2º ano e o professor comentou na nossa turma que estava sobrando algumas vagas no ônibus e, portanto, ele iria preencher com alunos da nossa turma, caso houvesse interesse.

Alguns poucos estudantes manifestaram interesse, mais pensando no passeio com o pessoal da escola do que propriamente no aprendizado que poderíamos ter. Fomos à excursão e não tinha ideia do que iria encontrar. Como não vivi em Goiânia na época do acidente não tinha dimensão do que fora aquilo para as pessoas e o quanto o conhecimento científico é importante e pode mudar os rumos da história de Goiânia.

Ao chegarmos ao que hoje em dia é um parque ecológico que abriga tanto os rejeitos contaminados, quanto os laboratórios de monitoramento e um museu com auditório, nos deparamos com várias fotos e banners contando a tragédia, uma espécie de foto narrativa. Fomos recebidos por um pesquisador que pelo sotaque não era goiano. Entramos num auditório para uma palestra (quase uma conversa) sobre o acidente do Cs^{137}, como foi, seus impactos e como várias pessoas, incluindo físicos, químicos, biofísicos, médicos entre outros profissionais foram importantes para a contenção da radiação e o isolamento das pessoas bem como seu tratamento.

Essa fala do palestrante (do qual não me lembro do nome) fez muito sentido para mim. Fiquei imaginando como seria se eu estivesse no lugar das pessoas do ferro velho, ou se estivesse no lugar das pessoas que trabalharam no acidente. O que eu faria? Quantas decisões foram tomadas? Teria conhecimento científico para tal?

O pesquisador ia falando sobre a quantidade de lixo radioativo que o acidente havia gerado, de como as pessoas que tiveram contato com o cloreto de césio foram separadas, isoladas e tratadas e como um brinquedo da Leide das Neves contaminado pelo sal poderia ter uma emissão de radiação de até 250 anos. Aquilo era interessante demais para uma conversa de pouco mais de 1 hora. As fotos dos locais sendo destruídos, dos entulhos e pilhas de coisas que eram colocados em contêineres metálicos eram impactantes. Na minha ingenuidade achava que depois haveria uma descontaminação, com algum produto químico e depois isso iria ficar enterrado para sempre.

A palestra foi tão boa e possibilitou tantas reflexões que eu e mais um colega conversamos com nosso professor no ano seguinte e pedimos para que ele fizesse essa visita novamente, agora conosco do 3 ano do Ensino Médio.

Piaget dizia que o interesse precede a motivação que por sua fez precede a aprendizagem e, consequentemente, a inteligência, pois bem, a segunda ida à Abadia de Goiás foi muito mais rica, já sabia o que me esperava e também já tinha refletido sobre alguns pontos. Como estávamos mais à vontade por estarmos com a nossa turma de origem (estudamos desde a 8 série do Ensino Fundamental juntos), fizemos mais perguntas e interagimos mais com o palestrante perguntando inclusive sobre sua área de formação, pois tínhamos aquela ideia que para estar ali precisava ser um "físico nuclear" bem estereotipado como o Einstein. Na ocasião a formação do palestrante e funcionário federal da CNEN era física com doutorado em biofísica, se não me falhe a memória pela UFRJ.

Esse dia, eu, particularmente aprendi coisas que a escola não iria me ensinar. A explicação do tempo de meia vida e decaimento radioativo do césio era algo intrigante, pois com o passar do tempo ele iria se tornar outro elemento químico? Iria decair até ter massa de outros elementos químicos? Emitir partículas alfa, beta e gama, tudo isso era algo que embora estivesse no conteúdo programático do Ensino Médio, não nos foi ensinado. O que mais me chamou a atenção foi como tudo foi retirado e estocado para que durante centenas de anos não causasse nenhum risco a população.

Como já disse aqui, foram retiradas quase 7 toneladas de materiais por onde o cloreto de césio passou. Eram roupas, brinquedos, veículos, árvores, restos de construção, mas o mais importante: eram histórias! Das pessoas que construíram uma vida e tiveram que abandonar tudo por conta da radioatividade. Fiquei pensando como estocar tudo isso ao longo do tempo? Como impedir que a radiação se espalhasse diante das intempéries ano após ano? Essa era minha principal dúvida e foi prontamente esclarecida.

O local onde foram guardados os rejeitos foi pensando para aguentar, sol e chuva durante muitos anos, suporta terremotos e até mesmo se um avião cair onde estão os materiais radioativos não acontecerá nada! Foi o que me respondeu o pesquisador.

Na época do acidente, além do medo de ter sido exposto à radiação, a população de Goiânia tinha muito receio de que fosse contaminado pelo césio o lençol freático, contaminando assim, as plantas, animais e outras pessoas desencadeando um desastre de proporção incomensurável. Assim, foram retiradas várias camadas de terra abaixo das casas e das ruas onde foram identificados os contágios.

Tudo isso para evitar que o material contaminasse camadas mais internas do solo e com a chegada do período chuvoso consequentemente contaminasse o lençol freático. O local para receber todo esse rejeito teria que ser grande e muito bem-preparado.

Algo que eu imaginava e que muita gente também imagina é que todo esse entulho está enterrado, abaixo da gente. Não! Foi construído um alicerce de concreto muito espesso para evitar que alguma radiação ou até mesmo algum material vaze e chegue ao solo. Além disso, os rejeitos foram separados por categorias de periculosidade do nível 5 (mais perigoso) ao nível 1, colocados em contêineres ou barris metálicos, e concretados por nível, sendo o nível 5 o mais interno e o nível um o mais externo. Quase como uma eletrosfera, na qual o material que está no nível 5 é a camada mais interna e o nível 1, o que tem um risco menor, a camada mais externa. Entre esses níveis há paredes de 25 centímetros de concreto e depois tudo foi concretado mais uma vez e aterrado formando uma espécie de morro.

Essa segunda vez foi tão marcante que até visitamos o local dos rejeitos e subimos no morro (que na verdade são dois), onde tudo está depositado. Conhecemos os laboratórios, lá se monitora a água, solo e plantas do local quase que diariamente para constatar se não há nenhuma emissão de radiação. Hoje em dia, inclusive, há plantações variadas como hortaliças e frutas que são consumidas por quem trabalha no parque, provando que o sistema criado é bastante seguro.

Saí dessa visita com outra visão da ciência e de como ela pode criar problemas, mas também como ela é fundamental na resolução dos mesmos. Como gostava muito das disciplinas de química e física resolvi que iria fazer vestibular para um desses cursos. Tinha uma visão de que a física era um curso muito teórico (quando entrei na UFG vi o tamanho do meu erro) e pensando em algo com uma carga experimental maior e também influenciado pelo nosso professor de química (quem aí que cursou química que não foi?) resolvi fazer o vestibular para o curso de química e, entre 2000 a 2003, cursei o curso de química na Universidade Federal de Goiás com habilitação em licenciatura (não era dividido ainda em bacharelado e licenciatura como é hoje).

Os mistérios daquele acidente que impactou tanto a vida dos goianos e como a ciência solucionou tal problema foi determinante para eu cursar química, aprender sobre essa ciência e, posteriormente, aprender como ensiná-la na licenciatura. Poder contribuir para termos pessoas cientificamente alfabetizadas é algo extremamente gratificante. Trabalhar com o contexto regional goiano, ajudando os estudantes a entenderem como se deu o maior acidente radiológico do mundo e que muitos ali nem sabiam como havia acontecido tal acidente e tampouco como a ciência foi importante para hoje termos uma cidade livre desse problema foi fundamental na minha carreira de professor.

Em 2007, depois de 20 anos do acidente que marcou a cidade, pude voltar à CNEN agora como professor, levando meus estudantes para a mesma atividade que foi determinante para a escolha da minha profissão. A CNEN realiza agendamentos para visitas com palestras para todos os níveis da educação básica, educação superior e recebe em seus laboratórios estudantes e pesquisadores de mestrado e doutorado.

Referências

BRADY, J. E., RUSSELL J. W., Hollum J. R. *Química:* a matéria e suas transformações. Vol. 1. 3ª edição. Rio de Janeiro: LTC editora, 2002.

KOTZ, J. C., TREICHEL, J. P. *Química e Reações Químicas.* Vol 1. 6ª edição. São Paulo: Thomson e Learnin, 2005.

MACHADO, P. A. S. (org); *Césio 137 – 30 anos:* Fotorreportagem do acidente radioativo em Goiânia. Governo do Estado de Goiás : Secretaria de Estado da Saúde: Superintendência de Controle, Avaliação e Gerenciamento das Unidades de Saúde; Kelps, 2017.

RUSSEL. J. B.; *Química Geral; vol. 1.* 2ª edição, São Paulo;, Makron Books, 1994.

SECRETARIA de Saúde do Estado de Goiás, *Revista Césio 25 anos*, Governo do Estado de Goiás, 2012.

ELEMENTAR, MEU CARO...

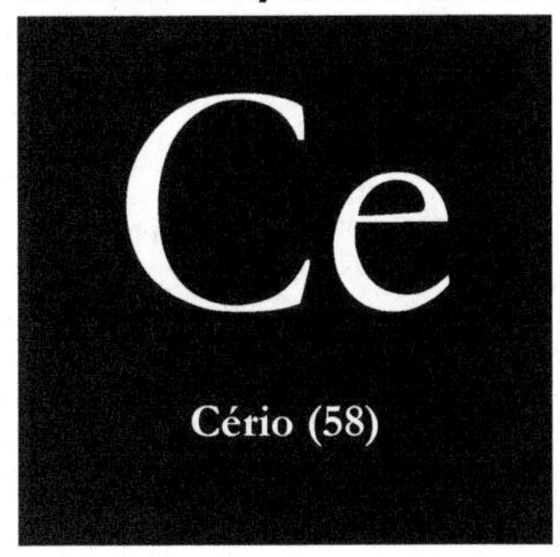

UM CASO CÉRIO

Marcus Vinicius Boldrin Silva

— Sério, isso André? – perguntou Vanessa, estreitando os olhos e apertando os lábios, o que apenas realçava as covinhas em suas bochechas.

— Aha! Você acabou de fazer o mesmo: "Sério isso, André?" – repetiu tentando imitar o tom de voz indignado dela, enquanto pensava: - meu Deus, essas covinhas!

— Saiu sem querer... – ela respondeu com um meio sorriso. .

— Eu disse que era inevitável. – respondeu em tom professoral e completou: - O nome do nosso elemento é uma piada pronta.

— Um trocadilho pronto, na verdade. – Ela respondeu subitamente séria, causando o desaparecimento das covinhas, para decepção dele.

— Tá olhando o que André? Vamos trabalhar, temos que terminar isso logo, temos que entregar este trabalho amanhã.

— Nada não, vamos acabar logo com isso. Hora de trabalho sério!

— André... – Ela apertou os lábios de novo. Um breve relance das covinhas.

— Parei. – respondeu com um gesto erguendo os braços, mãos espalmadas à frente, feliz pela volta das covinhas.

Será mesmo que ela não sabia o que ele estava olhando? Todo mundo na escola já tinha reparado a "bandeira" que ele dava quando ela estava por perto. Seus olhares disfarçados, a "química" que ele parecia sentir em relação a ela.

A oportunidade de fazer o trabalho de Química com ela aparecera de maneira um tanto inesperada, porém ele havia dado uma "forcinha" no processo.

O trabalho seria realizado em duplas, ela tinha faltado no dia da escolha, e ele ficara sem dupla, pois recusara propositada e repetidamente, convites de seus amigos mais próximos.

Então ele sugeriu ao professor que não tinha problema, faria o trabalho com ela para que a aluna "faltosa" não ficasse sem nota. Isso havia causado alguns risinhos divertidos entre seus colegas e, pelo menos, alguns tapinhas nas costas.

Vanessa reagira surpreendentemente bem a seu parceiro de trabalho, para uma feliz satisfação dele, uma vez que conversavam apenas ocasionalmente e sempre muito brevemente. Não eram do mesmo círculo de relações, os grupinhos que sempre se formam, meio que naturalmente entre os alunos de uma mesma sala de aula.

Ela ainda o chamara para fazer o trabalho na casa dela. Seu amigo Cléber até lhe disse que isso era um sinal claro que ela estava a fim dele, seria fácil, era só chegar. Ele com sua habitual timidez desconfiava que era apenas preguiça da parte dela de sair de casa. Podiam ser a duas coisas, é verdade, mas ele achava que era a segunda.

Ele chegou na hora marcada, duas da tarde, na porta da casa dela, o coração meio acelerado, as mãos suando. Deu um tempinho, respirou fundo e tocou a campainha. Após uma breve espera a porta se abriu. Preparou seu melhor sorriso e...

— Ah! Você deve ser o André... Acertei? - perguntou uma senhora vestida confortavelmente com jeans e camiseta. – Sou a mãe da Vanessa, seja bem-vindo – completou fazendo um gesto para que ele entrasse.

Saindo do choque, André recolheu de volta o sorriso, - ah... Obrigado. – respondeu timidamente – *Nossa a Vanessa é um clone dela, só que mais nova...* – pensou um tanto incoerente.

E agora eles estavam sentados na mesa da cozinha da casa dela, o notebook dela sobre a mesa e a mãe de Vanessa fazendo aparições repentinas na cozinha, algumas vezes perguntando como estava indo a pesquisa, em outras apenas passando em direção a área de serviço com alguma peça de roupa nas mãos e um olhar indecifrável no rosto.

André acompanhava sorrateiramente as aparições da mãe dela tentando perceber algum sinal oculto entre ela e a filha. Não sabia exatamente o que estava procurando, mas...

— Que tal darmos uma revisada rápida nas informações, pra dar uma organizada? Sugeriu André.

— Ok, mas sem piadinhas, certo?

— Pode deixar colega, serei o mais sé... digo, o mais *compenetrado* possível. – E fez um gesto imitando uma continência. O que abriu um sorriso nela e provocou um aumento na pulsação dele.

— O nome Cério, vem de onde, por exemplo? – Ela perguntou.

— Vem do nome de um asteroide, planeta anão, sei lá... mudam sempre essas coisas, chamado Ceres.

— Ceres não era uma deusa dos gregos? Um momento – virou-se para o computador, digitou algumas palavras e leu para ele.

— Hum... sintetizando, Ceres era uma espécie de deusa das plantas que dão grãos... tipo cereais... Legal, sabia que a palavra *cereal* também vem de Ceres?

— Não sabia... interessante. O que mais temos?

— Vejamos... – ela disse, olhando para o caderno entre suas mãos.

— Os descobridores foram dois...

— No caso três, lembra? Ele interrompeu. – Dois países, Suécia e Alemanha, mas três cientistas: Berzelius e von Hisinger na Suécia e o... como será que se diz... vou arriscar: Klaproth, - pronunciou com o *th* do final como se fosse um *f mudo*. - na Alemanha.

— Não sei se a pronúncia seria essa, ficou meio "inglesa" - ... Mas tudo bem, foi em 1803, certo? Não esperou resposta e já emendou:

— Sabia que o metal cério com grau de pureza aceitável só foi obtido em 1875 por W. F. Hillebrand e T. H. Norton?

— Isso. – ele confirmou olhando disfarçadamente para ela, suspirou.

— Está cansado, André? Está suspirando. - Ela perguntou sem olhar para ele e parecendo não se importar. Olhos fixos no caderno.

— Acho que não dormi muito bem, sabe? Respondeu sentindo um súbito calor no rosto.

— Sei... – ela respondeu ainda sem tirar os olhos do caderno.

Ele decidiu que teria que mudar o rumo da conversa, olhou para seu próprio caderno e achou o que queria:

— Essa é boa... Vanessa você sabia que existe mais Cério na crosta terrestre do que, por exemplo, nitrogênio?

— Sério? – ela respondeu e logo percebeu o que tinha falado, fechando a cara.

— É sério! Eu garanto! – respondeu tentando não cair na risada. O cério é mais abundante na crosta do que o nitrogênio e tem quase o mesmo tanto que o zinco e o níquel. É sério!

Ela deu um suspiro e jogou o caderno em cima da mesa, - acho que vou beber um copo de água. Você quer?

— Aceito. – respondeu enquanto ia acompanhando seus movimentos disfarçadamente.

Esperou em silêncio, quando ela voltou e sentou-se, ele bebeu um gole e disse:

— Sabia que o Cério é do grupo das terras raras? O que é muito curioso pois é o mais abundante entre os elementos desse tipo. Sabe? Parece que não combina muito ser abundante e raro ao mesmo tempo... é o vigésimo sexto mais abundante, entre os metais é o décimo oitavo e tem muita gente que nem sabe que ele existe.

— Mesmo? – ela respondeu lentamente com aquela expressão no rosto que ele gostava tanto.

— É que ele é um *lantanídeo*, sabe aquelas duas fileiras que ficam embaixo da tabela, meio que elementos isolados, junto com os *actinídeos*.

— Você sabe que não estão isolados, né? – Ela interveio. – Só são colocados à parte para a tabela não ficar muito comprida... pode olhar os números atômicos dos elementos antes e depois, eles estão encaixados na tabela.

— Não sabia. Sério isso? – depois que falou ele percebeu e ficou bem quieto, mas ela não pareceu notar a palavra *sério* sendo usada novamente, pegou uma tabela que estava em cima da mesa e chegou mais perto dele.

— Olha só, o bário é o elemento 56 e o háfnio é o elemento 72, os lantanídeos vão de 57 a 71, ou seja, estão dentro da tabela na verdade. O cério, nosso elemento, é o 58, o segundo da série.

Ele chegou mais perto pra *enxergar* melhor a tabela, perto o suficiente para que o cabelo dela roçasse seu rosto e ele pudesse sentir o leve perfume dela. Isso durou alguns segundos, então ela se afastou dizendo: - não é interessante?

— Demais! – ele respondeu enquanto ainda sentia o leve formigar em sua bochecha onde o cabelo dela tinha tocado.

— O que mais temos? Ela perguntou, o encarando com as covinhas a postos e uma expressão de divertimento no rosto.

— Hum, vejamos... – respondeu evitando olhar para ela, a vergonha o dominando. Recompondo-se, continuou:

— Bem, o cério é um metal branco-prateado e é utilizado em uma série de produtos, como baterias recarregáveis, células de combustível, produção de vidros especiais, pedras de isqueiros, e com várias aplicações na metalurgia.

— Metalurgia?

— Sim, o cério é muito reativo e é usado para produzir aços de alta qualidade, pois permite a remoção de oxigênio e enxofre na produção da liga.

— Interessante... Você falou que é usado também em vidros especiais?

— Sim, isso mesmo, lentes de câmeras e telescópios por exemplo... Ah! E também lentes de óculos escuros.

— Legal! Estou vendo aqui no computador, que o sais de cério são usados também para proteger utensílios de alumínio. Mas você falou em células de combustível... não foi?

André deu uma olhada em seu caderno, voltou uma página e anunciou de forma pomposa.

— A nobre colega sabe o que é uma célula de combustível?

Ela entrou na brincadeira: - Por que não me instrui, nobre colega?

Ele ajeitou-se na cadeira e começou a ler com voz empostada:

— Células de combustível também chamadas de células *a* combustível, são uma forma alternativa de produzir energia limpa e eficiente. O óxido de cério tem se mostrado um "ingrediente" bastante útil para esse tipo de dispositivo gerador de corrente elétrica, devido a sua alta condutividade iônica e à capacidade de operar em temperaturas mais baixas que outros materiais.

— Impressionante! – Ela exclamou e sorriu para ele.

— Também acho! – respondeu e não se referia ao cério. Ela percebeu e sorriu ainda mais.

Ele desviou o olhar. – Malditas covinhas!! – pensou, novamente incoerente.

— Sabia que o cério também é usado nos catalisadores dos carros para diminuir a emissão de poluentes? Falou de repente.

— Não, não sabia...

— É que os compostos de cério têm grande capacidade catalítica, sabe? Eles aceleram o processo que transforma os compostos poluentes em compostos que não poluem a atmosfera.

— Parece que alguém andou estudando, estou realmente impressionada. – E o encarou por um instante.

Ele estava prestes a ter uma parada cardíaca quando ela disse, quebrando o silêncio:

— Perigoso...

— O que? – ele perguntou na defensiva...

— O cério, ele pode ser perigoso...

— Ah... Como assim, é muito tóxico?

— Na verdade não. As terras raras em geral têm uma toxidade baixa, mas li aqui que ele pode se inflamar, pegar fogo, espontaneamente se a temperatura estiver entre uns sessenta e cinco e oitenta graus celsius...

— Nossa...

— Tem mais... Ele pode reagir de forma violenta com o zinco, o bismuto e o antimônio. A combustão do cério tem emanações muito tóxicas, acho que é a fumaça liberada na combustão...

— Puxa... Danado esse cério. Não dá pra ficar brincando com ele... Pode causar problemas... hã... complicados! – Conseguiu concluir fugindo da palavra "proibida".

Ela não percebeu ou simplesmente ignorou, prosseguiu:

— Ah, não pode usar água se o cério estiver em combustão, pois reage com a água e com o gás hidrogênio formado, aumentando o incêndio...

— Rapaz... É um risco sério, esse cério... - Desta vez escapou, não conseguiu evitar.

— André!! Será possível que você não consegue ficar sério por um minuto? Ops... Ah não...

Depois de uma troca de olhares silenciosa, caíram na risada como velhos amigos com uma nova intimidade se formando ele se sentido bem como a muito tempo não se sentia.

— Gostei muito de fazer esse trabalho com você André. – ela disse de repente, podemos repetir quando tiver outro trabalho desses em duplas. O que você acha?

— Eu ia adorar...

Nesse momento a mãe dela passou rapidamente pela cozinha, fez um barulho sugestivo com a garganta.

— Eu sei... – ela disse levantando-se subitamente - mas agora é hora de você ir embora, né? Pode deixar que eu digito o trabalho e levo amanhã, ok?

Por um instante ele ficou sem ação, então se levantou lentamente, tentado esconder a decepção pela súbita mudança dela.

— Ok... já vou indo então...

Se despediram no portão. Ele esperava talvez um beijinho no rosto como despedida.

Ela estendeu o braço, ele apertou sua mão.

Virou-se devagar dando as costas para ela, ainda arriscou um olhar de soslaio, mas ela já estava voltando pra dentro da casa. Resignou-se. Deu de ombros e começou a descer a rua.

No caminho ia pensando nas aplicações do cério, tentando se concentrar na Química, nos elementos químicos, em tudo que representavam para a humanidade e em como esse conhecimento era útil para a civilização.

Mas, vez em quando, uma imagem surgia em sua mente:

Aquelas benditas covinhas...

Referências

Martins, Tereza S., L. R. Hewer Thiago, Freire Renato S.- "Cério: propriedades catalíticas, aplicações tecnológicas e ambientais" *Quím. Nova* 30 (8), 2007.

NOVAIS, Stéfano Araújo. "Cério (Ce)"; *Brasil Escola*. Disponível em: https://brasilescola.uol.com.br/quimica/cerio.htm.

DANTAS, Tiago. "Ceres"; *Brasil Escola*. Disponível em: https://brasilescola.uol.com.br/mitologia/ceres.htm.

C. A. S. Queiroz, D. M. Ávila, A. Abrão, E. N. S. Muccillo. "Síntese e caracterização de precursores de cério de alta pureza" *Cerâmica* 47 (301) 2001

Marco Aurélio Ramalho Rocio, Marcelo Machado da Silva, Pedro Sérgio Landim de Carvalho e José Guilherme da Rocha Cardoso. "Terras-raras: situação atual e perspectivas" – Biblioteca Digital BNDS - http://www.bndes.gov.br/bibliotecadigital

ELEMENTAR, MEU CARO...

PODE O POLÔNIO POTENCIALIZAR AS ABORDAGENS SOBRE GÊNERO EM SALA DE AULA DE QUÍMICA?

Camila Silveira

O polônio, a polonesa e as potencialidades de uma prática educativa com foco nas questões de gênero

Poderia versar sobre o Polônio neste texto, por diferentes vieses, mas a opção eleita foi pela perspectiva de gênero. Isso significa considerar que todo o percurso histórico e social que marca desde a descoberta até o posicionamento deste elemento químico na Tabela Periódica envolve a (re)produção de desigualdades entre homens e mulheres no campo científico.

Escolhi falar do Polônio a partir dos percursos e percalços da cientista polonesa Maria Salomea Skłodowska, que depois de afrancesada e casada com o físico Pierre Curie, se torna mundialmente conhecida como Marie Curie.

Defendo que Marie Skłodowska Curie (1867-1934) deva ser protagonista quando falamos sobre o Polônio em nossas práticas educativas, não apenas no sentido de ser a principal pesquisadora responsável pela sua descoberta, mas por todos os demais elementos (químicos e não químicos) que constituem o cenário desse conhecimento e que revelam o quanto os espaços de produção da Ciência são (re)produtores de opressões contra as mulheres.

Sabemos que não é nada trivial sintetizar, isolar, caracterizar, nomear e posicionar um elemento químico na famosa Tabela Periódica, um dos símbolos máximos da Ciência Química. Sendo mulher, então, a situação se torna ainda mais complexa e difícil. Ainda, no caso da descoberta do Polônio e episódios emaranhados neste contexto, temos que considerar que Marie era uma estrangeira – a Polonesa -, em um período de forte nacionalismo. Por mais que em determinados episódios o seu afrancesamento favorecesse seu acesso em algumas esferas públicas, a sua origem polonesa também a impediu de ocupar espaços científicos, mesmo sendo bastante qualificada academicamente.

Fazemos a defesa da abordagem educativa sobre o Polônio pelo viés de gênero e demais marcadores sociais interseccionalizados, considerando as lutas travadas historicamente para que, na Tabela, pudéssemos ter marcas da atuação feminina em sua constituição e configuração.

As escolhas que fazemos para o tratamento dos conteúdos curriculares de nossas disciplinas escolares revelam posicionamentos políticos que podem ser inclusivos ou excludentes. Diante desse fato, procurarei suscitar, nos tópicos subsequentes, um compilado de aspectos científicos, econômicos, históricos, sociais e culturais que buscam evidenciar as potencialidades educativas de uma abordagem sob o viés de gênero no ensino sobre o Polônio.

Posicionando o Polônio na Tabela Periódica

Polônio, elemento químico de número atômico 84, massa molar 208,98 g/mol, que está localizado no período 6, Grupo 16 - Calcogênios. Sua configuração eletrônica é [Xe] $4f^{14}5d^{10}6s^{2}6p^{4}$ e está agrupado no Bloco p – elementos representativos, considerando seus orbitais de valência.

Seus estados comuns de oxidação são 2, 4 e 6[27]. Ele se dissolve em ácidos diluídos, produzindo soluções contendo íons Po^{2+}; os ácidos oxidantes concentrados levam o polônio ao número de oxidação +4; e sua oxidação ao estado +6 é mais difícil (AFONSO, 2011).

É um elemento com radioatividade natural, encontrado em baixas concentrações no meio ambiente (PALOMO, 2019). Ele está presente em minérios de urânio, mas a sua extração não é viável economicamente. É um semimetal radioativo, cinza prateado, altamente tóxico.

[27] Polonium - Element information, properties and uses | Periodic Table (rsc.org).

Uma forma de obtê-lo é com o bombardeamento de nêutrons no bismuto-209, chegando em bismuto-210, que decai formando Polônio. São conhecidos sete de seus isótopos na natureza: ^{216}Po, ^{212}Po, ^{215}Po, ^{211}Po, ^{218}Po, ^{214}Po e ^{210}Po. O isótopo ^{210}Po é o que possui maior tempo de meia-vida (t½ = 138,376 dias) (AFONSO, 2011).

Altas concentrações de Polônio no organismo humano produzem efeitos nocivos que podem levar a óbito. Algumas pesquisas indicam a presença de ^{210}Po em folhas de tabaco, alertando para o risco do tabagismo pela contaminação por Polônio levando a problemas pulmonares (NUNCIO; TRINDADE, 2016). A Rússia é o país que tem produzido comercialmente todo o Polônio do mundo. Ele é usado em dispositivos antiestáticos, em pincéis para remoção de poeira de filmes fotográficos, por exemplo.

A sua descoberta é atribuída ora ao casal de cientistas Marie e Pierre Curie, ora apenas a Marie[28]. O nome atribuído ao elemento químico faz menção à terra natal dela: Polônia. Em comunicação redigida por Marie e Pierre para a Academia de Ciências de Paris, no ano de 1898, intitulada "Uma nova substância radio-ativa, contida na pechblenda", o casal descreve evidências da existência desse novo elemento (PUGLIESE, 2012):

> Certos minerais que contêm Urânio e Tório (pechblenda, calcolita e uranita) são muitos ativos na emissão de raios becquerel. Num trabalho anterior, um de nós mostrou que a atividade desses minerais é maior do que a do Urânio e do Tório, e emitiu a opinião que, esse efeito será devido a alguma substância muito ativa, encerrada em pequenas quantidades, nesses minerais. (...)
>
> Cremos que a substância retirada da pechblenda contém um metal ainda não assinalado, vizinho do Bismuto pelas propriedades analíticas. (...) Se a existência desse metal vir a se confirmar, propomos que chame Polônio, recordando o nome de um país de origem de um de nós. (...) Permitam-nos comentar, se a existência do novo elemento for confirmada, será uma descoberta devida, inteiramente, ao novo método de investigação que nos foi proporcionado pelos raios Becquerel[29].

---

[28] Como no PubChem https://pubchem.ncbi.nlm.nih.gov/element/Polonium#section=History; e na Royal Chemical Society: https://www.rsc.org/periodic-table/element/84/polonium

[29] Gabriel Pugliese traduziu trechos da comunicação científica: CURIE, Marie; CURIE, Pierre. "Sur une substance nouvelle radio-active, contenue dans la pechblende". In: *Comptes Rendus*, 1898, v. 127, p. 175-178, e os reproduziu em seu livro sobre o caso Marie.

Marie Curie era a principal responsável pela parte experimental no trabalho de pesquisa laboratorial e criou procedimentos para a realização de estudos com substâncias radioativas dado o ineditismo do que realizava.

Estima-se que exista aproximadamente 0,1 mg de polônio por tonelada de minério de urânio, o que indica o árduo trabalho desempenhado pelos Curie para isolá-lo. Após a determinação do peso atômico e das propriedades características do novo elemento, a discussão girou em torno de onde ele seria alocado na Tabela Periódica. Os dados sugeriam que ele seria um homólogo do telúrio (TOLENTINO; ROCHA-FILHO; CHAGAS, 1997). A existência do Polônio tinha sido prevista por Dimitri Mendeleev, com um peso atômico de 212. Os Curies haviam extraído o isótopo Polônio-209 que tem uma meia-vida de 103 anos.

Marie sabia da importância do isolamento e da caracterização de um elemento químico para a sua existência oficial e localização na Tabela Periódica. Seus trabalhos desta natureza lhe renderam o Prêmio Nobel de Química no ano de 1911[30], sendo galardoada por duas vezes com tal honraria (a primeira foi com o Nobel de Física, em 1903, junto a Pierre Curie e Antoine Becquerel).

Tratar da descoberta do Polônio é, pois, tratar das questões de gênero envolvidas em todas as facetas do campo da Radioatividade, de acordo com a análise de Pugliese (2012):

> Tanto Marie Curie quanto a radioatividade são produtos dos desdobramentos que criaram; dos significados atribuídos nas lutas que se seguiram. A própria radioatividade não foi aceita sem conflitos, seu acontecimento criou uma diferença (política) entre os cientistas, ao carregar em seu seio uma política sexual da qual é indissociável. A radiatividade é o fenômeno que põe em jogo o gênero e os outros cortes políticos, que o engendra nas controvérsias científicas, na medida em que abre a possibilidade de afirmar "isso é científico". Quem vai buscar e quem terá recursos para continuar as pesquisas? Como vai ser dividido o trabalho? Que hipótese seguir? Com quem se vai debater? A quem se dará os créditos da descoberta? A quem dar os prêmios?

---

[30] The Nobel Prize in Chemistry 1911. NobelPrize.org. Nobel Prize Outreach AB 2021. Mon. 11 Oct 2021. <https://www.nobelprize.org/prizes/chemistry/1911/summary/>

Quanto mais nos enveredamos por conhecer sobre a vida e obra de Marie Curie, mais fortes vão ficando as marcas de sexismo, misoginia e xenofobia. E precisamos falar sobre isso nas aulas de Química.

Posicionando a Polonesa no centro da descoberta do Polônio

Possivelmente, Marie Curie deva figurar nos materiais didáticos adotados em sua escola como a precursora da Radioatividade, responsável pela descoberta do Rádio e do Polônio. Ela é conhecida como a única pessoa, até hoje, a ganhar dois prêmios Nobel em áreas cientistas distintas, a primeira mulher a ganhar um Nobel, a primeira mulher a lecionar na Universidade de Sorbonne e outros tantos marcos pioneiros que a tornaram uma referência feminina na Ciência mundial.

Porém, seu trabalho, a todo instante, era colocado em xeque. Ela foi fortemente envolvida em questões controversas sobre a existência do Polônio, como no caso protagonizado pelo físico alemão Willy Marckwald. Ele era professor na Universidade de Berlim e chegou a anunciar que havia descoberto o radiotelúrico, após tomar contato com os trabalhos de Marie e Pierre. Ele também realizou experimentos com a pechblenda, sinalizando que o novo elemento que havia isolado se aproximava bastante daquele de Marie, mas esse tinha delimitações exatas. Ele defendia que Marie não havia isolado o polônio, mas sim, que se tratava de uma "parte da desintegração radioativa do seu novo elemento, uma espécie de polônio-X, e não o próprio elemento". Esse caso se arrastou por muitos anos, com Marie tendo respondido a ele mais uma vez no ano de 1906 (PUGLIESE, 2012, p. 200):

> Em um período de dez meses, fiz uma série de medidas visando determinar a lei de diminuição da atividade do polônio através do tempo. O polônio que utilizei para esse estudo foi preparado com o método utilizado na primeira publicação relativa à sua descoberta (1898) e descrita em mais detalhes em minha tese de doutorado. (...)
> A constante de tempo que encontrei para o polônio demonstra que os corpos estudados por Marckwald com o nome de radiotelúrico é idêntico ao polônio. Essa identidade passa pelas evidências apresentadas por Marckwald nas publicações das propriedades do radiotelúrico. (...)
> O polônio e o radiotelúrico são uma mesma célula e uma mesma substância, e certamente o nome de polônio que

> empregamos é bem anterior ao radiotelúrico, que é a mesma substância fortemente radioativa descoberta por Pierre Curie e eu mesma com o método de pesquisa novo. (Curie, 1906)

Ela atuava em um campo novo da Ciência, o da Radioatividade. Inaugurava possibilidades de novos conhecimentos a partir dos estudos sobre a natureza da matéria. Por atuar fortemente na elucidação das evidências dos fenômenos, primando pela rigorosidade dos dados que produzia, ela criou protocolos legítimos de pesquisa sobre este campo. A disputa pela existência dos radioelementos estava fortemente ancorada no dispositivo experimental de Marie, com evidências da autoria de seu trabalho, na atuação de demais cientistas:

> André Debierne, químico que trabalhava na organização da produção de rádio, em conjunto com Marie Curie, utilizando o método da radioatividade inventado pela cientista, percebeu a existência de um provável outro elemento químico[31] na pechblenda. Marie Curie ainda trabalhava para calcular o peso atômico de suas substâncias para conseguir a "carta de identidade" da tabela de Mendeleiev, e mesmo antes disso acontecer, mais um "irmão" aparece para conferir legitimidade à radioatividade. [...] Nessa altura, o dispositivo experimental de Marie Curie ganhava também um estatuto de um método perspicaz para a descoberta de elementos químicos: além dos dois que já existiam e que ganharam o estatuto de "radioativos", como urânio e tório, já eram mais três que povoariam o mundo requerendo um espaço na tabela de Mendeleiev, a saber, polônio, rádio e outro ainda sem nome. O ano de 1900 seria, certamente, singular para físicos e químicos" (PUGLIESE, 2012, p. 110).

Recortes de diários, cadernos de laboratório, jornais de época e comunicações científicas demonstram os problemas de gênero envolvidos em torno do Polônio e da Polonesa. Biografias sobre Marie ou sobre o casal Curie registram os preconceitos de gênero, como em: "Pierre reclamou com um amigo que Becquerel menosprezava Marie porque ela era mulher" (GOLDSMITH, 2006), ou:

---

[31] Tratava-se do elemento químico Actínio.

> A diferença de salários e de prestígio dos cargos era enorme. Pierre agora estava trabalhando na EPCI e em um anexo da Sorbonne, enquanto Marie Curie ministraria aulas para moças numa pequena (mas tradicional) escola do interior de Paris. Qualquer cientista (homem, francês) que trabalhou como Marie em pesquisas importantes na França conheceu melhores possibilidades. (PUGLIESE, 2012, p. 135).

Esses materiais podem subsidiar as discussões em sala de aula quando abordamos os conhecimentos químicos de forma contextualizada.

Posicionando as questões de gênero na Ciência entre o Polônio e a Polonesa

Posicionar as questões de gênero no centro da discussão sobre o Polônio colabora para que tenhamos condições de mostrar a nossas turmas de estudantes os processos implicados na produção do conhecimento científico.

Laborioso é contar a trajetória de Marie em ordem cronológica, recortando apenas os fatos mais diretos que a levaram à descoberta e isolamento do Polônio, sem explorar a teia de situações complexas vividas por ela. Torna-se salutar mencionar que a época de seus estudos era a de um tempo em que mulheres não tinham autorização para sua formação acadêmica em diversas localidades; que ela precisou migrar de país para cursar o Ensino Superior; os espaços da Ciência eram fortemente dominados por homens (o que ainda o é no tempo presente, infelizmente). Falar do Polônio é falar de fatos misóginos, sexistas e xenofóbicos em nossas aulas de Química, ao tratarmos deste elemento químico, na perspectiva da protagonista Marie Curie.

Ela foi pioneira em tantas frentes que sua trajetória a forjou como uma icônica cientista, sendo uma das mais influentes e (re)conhecidas nas diferentes partes do mundo. Mas tudo que ela viveu não deve ser romantizado. Não podemos aceitar com naturalidade que ela tenha sido excluída de tantos espaços da Ciência por ser mulher, pela "tradição" de não aceitarem o gênero feminino, como no episódio em que ela se candidatou à Academia de Ciências de Paris (1910), quando foi brutalmente perseguida, ofendida e atacada publicamente.

A seguir reproduzo o excerto do jornal francês *L'Action Française* que menciona a candidatura dela à supracitada Academia e que nos mostra a legitimação da violência contra Marie: "Embora essa mulher não seja de nossa raça, embora seja uma funcionária pública, e mesmo tendo desejado, seja como for, beneficiar-se de prerrogativas dos homens – estávamos inteira e naturalmente dispostos a lhe oferecer também as imunidades de seu sexo" (PUGLIESE, 2012, p. 238). O texto continua justificando o porquê de não terem escolhido Marie, trazendo cenários de sua vida pessoal para tal opção.

Nesta ocasião, após ter um histórico de lutas travadas pela autoria e reconhecimento de seu trabalho, era premiadíssima, docente em uma das principais universidades, líder de um relevante laboratório, autoridade máxima nos assuntos sobre a Radioatividade e, ainda assim, perdeu a vaga para um colega homem.

Posicionando o Polônio nas práticas educativas para tratar das questões de gênero na Ciência

Popularizar o elemento químico Polônio pode ser um caminho promissor de práticas educativas em aulas de Química/Ciências para abordagem das questões de gênero, apontando para possibilidades de contextualização histórica e social sobre os conteúdos curriculares que ensinamos.

No caso particular do Polônio, o delineamento metodológico proposto neste texto considera as propriedades físico-químicas do elemento, seus usos, técnicas envolvidas em suas sínteses, efeitos no ser humano e meio ambiente de forma integrada com o percurso histórico e social desde a sua descoberta pelo casal Curie, em especial, pelos desdobramentos do trabalho de Marie e os preconceitos/discriminações/violências de gênero sofridos por ela.

A vida e obra de Marie permitem elucidar a problemática do papel das mulheres no campo científico. É fundamental romper com a visão meritocrática e, por vezes, romântica, que contam sobre ela.

Para tratar do Polônio em sala de aula, é preciso contextualizar o cenário científico em que Marie e Pierre viviam; quais as compreensões, modelos e teorias que estavam em disputa naquele momento. Isso auxilia no entendimento sobre o pioneirismo do que propuseram enquanto cientistas. Eles eram muito parceiros nas pesquisas, mas, ainda assim, a divisão sexual do trabalho se fazia presente, conforme explicita o argumento de Pugliese (2012, p. 101):

> Se disse que Marie fora colocada numa posição de menor prestígio no que diz respeito às pesquisas de substâncias radioativas, é porque seu trabalho foi deslocado para a parte mais "braçal", que significava a manipulação dos resíduos do pechblenda em caldeirões ferventes, depois a destilação química etc. Pierre, por sua vez, a ajudava enquanto aguardava os sais "cada vez mais ativos" para as medições e reflexões ulteriores. O primeiro trabalho era parte constituinte do segundo, mas este estava expresso numa posição intelectualmente muito mais nobre.

Marie tinha uma rotina extenuante no laboratório, realizando os trabalhos químicos. Pierre colaborava com a parte das análises, mas tinha dedicação grande na obtenção de recursos materiais, de insumos para as pesquisas, dialogando com indústrias e instituições para fins de financiamento e manutenção dos projetos. Marie demandaria de muito tempo e esforço para isolar o Polônio e, em seu método de análise, também havia notado que seria mais fácil isolar primeiro o Rádio da pechblenda, outro elemento químico já evidenciado nos estudos do casal Curie. Mas como a matéria-prima era muito cara devido à imensa quantidade necessária para os experimentos, Pierre dedicou-se a captar os recursos financeiros. E "é nesse momento que começa a ficar clara uma divisão sexual do trabalho. Não era nada interessante uma mulher sair nas ruas para fazer negócios [...]" (PUGLIESE, 2012, p. 96).

Para elucidar mais um momento de violência de gênero e por conta de sua origem, quando o nome de Marie foi anunciado como a ganhadora do Prêmio Nobel de Química, em 1911, muitos jornais repercutiram notas em repúdio a tal indicação. Ela foi agredida, sendo citada como "a polonesa destruidora de lares".

Como já apontado, a jornada da cientista é marcada por episódios de sexismo, misoginia, xenofobia e outras opressões pela sua classe social. Muitas dessas situações estão relatadas em biografias, artigos, sites, livros e demais produções sobre as múltiplas facetas de Marie. O Projeto de Extensão Universitária "Meninas e Mulheres nas Ciências", da Universidade Federal do Paraná, se dedicou a produzir materiais lúdico-educativos que abordam tais episódios, a exemplo do Livro de Passatempos – "Mulheres Cientistas: Marie Curie"[32] - que aborda, dentre

[32] O Livro de Passatempos está disponível gratuitamente para download no Blog do Projeto, pelo link: https://meninasemulheresnascienciasufpr.blogspot.com/2021/06/livro-de-passatempos-mulheres.html.

outros temas, a química do Polônio e afins, de forma contextualizada a partir das questões de gênero de maneira interseccional.

O Livro retrata desde a infância na Polônia até o legado de Marie para a humanidade, passando pelos impedimentos de estudar por ser mulher, pelas perseguições sofridas por ser polonesa e outras situações que permearam o seu fazer científico. Tudo isso, por meio de passatempos, tais como palavras-cruzadas, caça-palavras, labirintos, jogo dos sete erros, criptogramas, anagramas. Simbolicamente trago um dos labirintos presentes no Livro, expressando os caminhos tortuosos trilhados por Marie até chegar ao Prêmio Nobel de Química, em 1911.

Figura 1– Reprodução do Passatempo do tipo Labirinto presente no Livro de Passatempos - Mulheres Cientistas: Marie Curie.

Fonte: Projeto de Extensão "Meninas e Mulheres nas Ciências" – UFPR, 2021.

Concluo sinalizando que sim, o Polônio pode potencializar as abordagens de gênero na Ciência em sala de aula de Química, com o apoio de materiais diversificados que permitem ilustrar o contexto de produção do conhecimento científico em foco.

Referências

AFONSO, Júlio Carlos. Polônio. *Química Nova na Escola*, v. 33, n. 2, p. 129-130, 2011.

GOLDSMITH, Barbara. *Gênio obsessivo*: o mundo interior de Marie Curie. São Paulo: Companhia das Letras, 2006, 224p.

NUNCIO, Daniel; TRINDADE, Fernanda Rocha da. Presença de Polônio-210 no tabaco: uma revisão sistemática. *Destaques Acadêmicos*, Lajeado, v. 8, n. 3, p. 189-203, 2016.

PALOMO, Ana Isabel Elduque. Po: El primer elemento químico descubierto gracias a sua radiactividad. *Anales de Quimica*. v. 115, n. 2, 2019, p. 106.

PUGLIESE, Gabriel. *Sobre o "Caso Marie Curie"*: a Radioatividade e a Subversão do Gênero. São Paulo: Alameda, 2012, 268p.

TOLENTINO, Mario; ROCHA-FILHO, Romeu C.; CHAGAS, Aécio Pereira. Alguns aspectos históricos da classificação periódica dos elementos químicos. *Química Nova*, v. 20, n. 1, p. 103-117, 1997.

UMA ENORME EXPLOSÃO, UM MOMENTO DRAMÁTICO E UMA BONITA HOMENAGEM: NÃO É UM FILME, É O MENDELÉVIO!

José Euzebio Simões Neto

Os elementos químicos e a tabela periódica

"Posso sair daqui pra me organizar
Posso sair daqui pra desorganizar".
(Chico Science & Nação Zumbi)

Quando uma reação química ocorre, as ligações entre os átomos que formam os reagentes são quebradas e novas ligações se estabelecem para formar os produtos. Eles, os átomos, são parte integrante de conjuntos denominados de Elemento Químico, conceito criado por Robert Boyle (1627-1691), e que hoje é definido em termos do número atômico (Z), que corresponde ao número de prótons que um átomo possui. Assim, todos os átomos com um determinado número atômico pertencem ao mesmo Elemento Químico. Logo, fica fácil perceber o quão importante é este conceito para compreensão da Ciência.

Sabemos que existem muitos Elementos Químicos, mas até o século XVIII apenas 12 eram conhecidos, número que aumentou significativamente nos anos seguintes, chegando a cerca de 80 ao final do século XIX. Segundo Silva (1994), o estudo dos elementos, chamados à época de corpos simples, era feito a partir de longas monografias descritivas, que não se sustentavam com o aumento considerável de Elementos conhecidos devido, principalmente, à Química Orgânica. Era preciso uma nova forma de organização, uma busca que culminou na Tabela Periódica dos Elementos.

Chassot (1990, p. 57) aponta que "não existe nada mais útil, para quem quer conhecer Química, do que se familiarizar com a Tabela Periódica. Ela deve estar sempre presente quando se estuda Química". A sua importância é tão grande que foi lembrada quando Wynn e Wiggins (2002) apontaram as cinco maiores ideias da Ciência. Com o merecido respeito aos trabalhos de Antoine Lavoisier (1743-1794), Johann Döbereiner (1780-1849), Alexandre-Emile Chancourtois (1820-1886) e John Newlands (1837-1898), que se apresentaram como importantes antecedentes, além da proposta apresentada por Julius Lothar Meyer (1830-1895), o destaque maior cabe a Dmitri Mendeleev (1834-1907).

Nascido em Tobolsk, atualmente Tyumen Oblast, na Sibéria, região muito fria no norte da Rússia, sendo o mais jovem de vários irmãos, entre 14 e 17, segundo Strathern (2002), desde a juventude Mendeleev demonstrou interesse e aptidão pela Ciência. Em 1847, tem início uma série de catástrofes familiares para o jovem Dmitri, com a morte do pai, o incêndio na fábrica de sua família, a reprovação na candidatura à Universidade de Moscou, por ser siberiano, e a morte, por exaustão, de sua mãe, quando já vivia em São Petersburgo, onde conseguiu estudar. Mas nem tudo é azar. Mendeleev não estava na Rússia quando ocorreu, na Alemanha, o Congresso de Karlsruhe, em 1860, e por isso conseguiu participar. Saiu de lá com as ideias que influenciaram a proposição da Tabela Periódica (TOLENTINO; ROCHA-FILHO; CHAGAS, 1997).

Strathern (2002) aponta, utilizando palavras do próprio Mendeleev, a conhecida história do sonho: "vi num sonho uma tabela em que todos os elementos se encaixavam como requerido, ao despertar, escrevi-a imediatamente numa folha de papel". As contribuições de Meyer na organização dos sessenta e três Elementos conhecidos à época também são igualmente significativas, porém, parte importante do trabalho do russo foi a ousadia da predição, característica importante da Ciência. Mendeleev previu a descoberta de três novos Elementos: eka-alumínio (Gálio, Z=31), eka-silício (Germânio, Z=32) e eka-boro (Escândio, Z=21). As previsões para as propriedades eram assustadoramente coerentes e Chassot (1990) destaca a história do Gálio, ao qual foi atribuída inicialmente massa diferente da prevista, resultado corrigido posteriormente, confirmando a previsão.

Ao longo dos anos, a Tabela Periódica passou por modificações. O número atômico (Z) tornou-se o balizador da periodicidade e novos Elementos foram incorporados. Alguns dos quais graças ao trabalho de um grupo especial de pessoas... as transurânicas.

As pessoas transurânicas

"Pesquisadores avançam, artistas pegam carona. Cientistas criam o novo, artistas levam a fama".
(mundo livre s.a.)

Podemos dividir os Elementos Químicos na Tabela Periódica de diversas formas: grupos, períodos, blocos. Uma delas tem como base o Urânio (Z=92): todos que o antecedem são chamados de cisurânicos, e todos que vem depois são chamados transurânicos. Tal proposta é deveras interessante, pois organiza com base em algo relativo às suas obtenções, sendo os transurânicos, sem exceção, sintetizados pela humanidade, pelas pessoas transurânicas.

Para Seaborg (1969), uma destas pessoas, o trabalho com a síntese destes Elementos é a realização científica do antigo sonho alquímico da transmutação da matéria. Existem três diferentes formas de se obter um novo Elemento Químico, a saber: em reatores nucleares, na explosão de bombas atômicas e nos aceleradores de partículas. Nas duas primeiras, bombardeia-se o núcleo atômico com nêutrons, que se unem a outros nêutrons e prótons pela força nuclear forte, em um processo chamado captura de nêutrons, que não cria um novo Elemento, mas permite a ocorrência de um decaimento beta, resultando na transformação de um nêutron em um próton. Agora, temos um novo elemento.

Já no terceiro método, utiliza-se o bombardeamento de núcleo leves ao núcleo pesado. Como existe a repulsão entre prótons, devido à carga positiva destas partículas, este processo deve ocorrer sob alta energia cinética e, para isso, utiliza-se um acelerador de partículas. Desta forma, a aproximação é possível, a força nuclear forte pode agir e um novo núcleo é formado, contendo uma quantidade de energia de excitação que deve ser dissipada antes de alcançar a estabilização (SEABORG, 1969; GHIORSO; HOFFMANN; SEABORG, 2000).

As pessoas transurânicas são as pessoas que utilizam estes processos para obtenção de novos Elementos Químicos. Podemos colocar como protagonistas do marco zero os cientistas Enrico Fermi (1901-

1943) e Emilio Sègre (1905-1989), que primeiro tentaram obter elementos mais pesados que o Urânio a partir do bombardeamento de nêutrons lentos, pouco depois da descoberta desta partícula, e Edwin McMillan (1907-1991), que após a descoberta da fissão nuclear (1938) produziu o primeiro elemento transurânico, o Neptúnio (Z=93), em 1940. São muitas as pessoas transurânicas (Kennedy, Wahl, James, Morgan, Cunningham, Thompson, Higgins, Studier, Harris, Eskola, Hoffman etc.), mas vamos destacar dois: Glenn Seaborg e Albert Ghiorso.

Glenn Theodore Seaborg (1912-1999) era estadunidense, filho de pais suecos. Em 1929, iniciou os estudos na Universidade da Califórnia, obtendo o título de doutor em Química em 1937, na Universidade de Berkeley. Atuou inicialmente no laboratório de G. N. Lewis, até ser nomeado instrutor, professor assistente e, em 1945, professor titular em Berkeley, assumindo no ano seguinte a chefia do Laboratório Lawrence. Durante o Projeto Manhattan, ficou responsável pela gestão das quantidades elevadas de plutônio utilizadas (GHIORSO; HOFFMAN; SEABORG, 2000). No campo da educação, foi um reconhecido professor e dedicado contribuinte para a melhoria da educação científica nos Estados Unidos, em todos os níveis.

Seaborg foi um cientista de renome mundial, professor, consultor científico de 10 presidentes de seu país e ganhador do prêmio Nobel de 1951 (dividido com Edwin McMillan), pelos trabalhos com elementos transurânicos, área no qual é considerado um dos maiores contribuintes, participando da descoberta e do isolamento de dez elementos: Plutônio (Z=94), Amerício (Z=95), Cúrio (96), Berquélio (Z=97), Califórnio (Z=98), Einstênio (Z=99), Férmio (Z=100), Mendelévio (Z=101), Nobélio (Z=102) e Seabórgio (Z=106), com o qual recebeu merecida homenagem (HOFFMAN, 2000). Ele morreu em fevereiro de 1999, em decorrência de um acidente vascular cerebral.

Albert Ghiorso (1915-2010) nasceu em Vallejo, estado da Califórnia, e desde jovem apresentou interesse em Ciência, tendo Albert Einstein como seu maior ídolo. Quinto de sete irmãos, graduou-se em 1937, em Engenharia Elétrica (Berkeley), mas trabalhou pouco tempo como engenheiro, dedicando-se à pesquisa a partir de 1942. Obteve o título de doutor em Ciências em 1966 (SIMÕES NETO; PAVÃO, 2003).

A amizade entre sua esposa, Wilma Ghiorso, e Helen Griggs-Seaborg, esposa de Glenn Seaborg e secretária pessoal de Ernest Lawrence, influenciou sua inserção nos trabalhos em Física Nuclear. Albert Ghiorso trabalhou no Laboratório de Metalurgia da Universidade de Chicago, e posteriormente em Berkeley. Entrou como 12º integrante da equipe de Glenn Seaborg e foi responsável pela descoberta dos elementos: Amerício (Z=95), Cúrio (Z=96), Berquélio (Z=97), Califórnio (Z=98), Einstênio (Z=99), Férmio (Z=100), Mendelévio (Z=101), Nobélio (Z=102), Laurêncio (Z=103), Rutherfórdio (Z=104), Dúbnio (Z=105) e Seabórgio (Z=106), totalizando doze (GHIORSO; HOFFMAN; SEABORG, 2000).

Em 1973, ganhou o Prêmio da American Chemistry Society, por desenvolver aplicações nucleares em Química. Ainda, foi diretor do HILAC (depois SuperHILAC) de 1957 até 1971. Morreu aos 95 anos, de problemas cardíacos. Ghiorso também propôs um novo modelo de acelerador de partículas, o Omnitron, que representaria um enorme avanço para a Física nuclear, embora a máquina nunca tenha saído do papel.

A Figura 1 mostra os dois cientistas ressaltados . Destaque para a imagem de Glenn Seaborg apontando para o Elemento Químico batizado em sua homenagem, talvez uma foto única na história.

Figura 1– (A) Glenn Seaborg e a Tabela Periódica; (B) Albert Ghiorso

Fonte: Alchetron

A Tabela Periódica atual possui uma enorme quantidade de elementos artificiais, sintetizados pela humanidade. Os dois cientistas destacados estão diretamente envolvidos em diversos grupos de trabalho que sintetizaram tais elementos, além da grande explosão citada no título deste texto. Mas como o estrondo (detonação) se relaciona com o que discutimos?

Uma explosão chamada ivy mike

"O improvável, o inesperado, uma rapidez que não se tem noção.
O improvável, o inesperado, pra você ver como as coisas são."
(Autoramas)

Seaborg (1969) associa a descoberta do sétimo e oitavo elementos transurânicos ao inesperado, que existe na Ciência. No atol de Enewetak, situado no Oceano Pacífico, nas primeiras horas da manhã do dia 1° de novembro de 1952, ocorreu o primeiro teste exitoso de explosão de um artefato baseado em fusão nuclear, ou seja, a primeira bomba de hidrogênio, que foi nomeada Ivy Mike. O experimento foi conduzido pelos Estados Unidos, visando ampliar o poderio bélico nuclear e intimidar os soviéticos, durante a Guerra Fria.

A explosão produziu 10,4 megatons, abrindo uma cratera de 2 km de diâmetro e 55 m de profundidade, e gerou uma bola de fogo de 5 km de comprimento, além de um cogumelo de 40 km de altura, como visto na Figura 2.

Figura 2 – A explosão Ivy Mike

Fonte: https://www.atomicarchive.com/

Porém, o que nos interessa são as cinzas da explosão, coletadas em papéis de filtro estrategicamente colocados na fuselagem de aviões que sobrevoavam o espaço aéreo do atol. O material coletado apresentava a inesperada presença de isótopos pesados do plutônio (com massa

244 e 246), produzidos pela captura sucessiva de nêutrons pelo urânio utilizado na explosão (SEABORG, 1969).

Das cinzas e, posteriormente, da análise de rochas originárias do atol, dois novos Elementos Químicos foram obtidos, graças ao trabalho de dezesseis pessoas transurânicas, de três diferentes laboratórios. O primeiro, identificado pioneiramente na noite do dia 19 de dezembro de 1952, pelo grupo de Seaborg e Ghiorso, em Berkeley, foi posteriormente nomeado de Einstênio (Z=99), em homenagem a Albert Einstein, e tem meia-vida de 20 dias. O segundo, batizado de Férmio (Z=100), foi identificado em 1º de março de 1953, com a obtenção de apenas 200 átomos, e homenageia o italiano Enrico Fermi. Tem período de meia-vida de apenas 22 horas, bem inferior ao seu antecessor.

Posteriormente, em 1961, uma quantidade razoavelmente significativa de Einstênio foi produzida a partir do bombardeamento de Plutônio-239 com nêutrons, em testes conduzidos por Burris Cunningham (1912-1971) e colaboradores. Foi tal experimento que possibilitou o momento dramático, prometido no título deste capítulo, e que está relacionado com a síntese do mendelévio. Estamos chegando!

Senhoras e senhores, apresentamos o mendelévio

"Drama! E ao fim de cada ato.
Limpo num pano de prato".
(Caetano Veloso)

Seguindo a tradição da nomenclatura dos Elementos Químicos sintetizados pela humanidade, que se deu a partir de 1940, o nono transurânico, de número atômico 101, foi batizado em homenagem a um cientista. O escolhido, desta vez, foi Dmitri Mendeleev, sobre quem já discutimos bastante no início do texto. Escolha interessante, pois parece justo agraciar, com a inclusão do seu nome em uma posição da Tabela Periódica, aquele que foi tão importante para a proposição de tão significativo acréscimo aos estudos da Química.

Sem nenhum espaço para dúvidas, a obtenção deste Elemento foi a mais dramática de todas. Em uma situação que Seaborg (1969) aponta como prematura, o grupo de Berkeley decidiu tentar obter o Elemento 101. Para isso, trabalharam com íons Hélio (Z=2), acelerados no cíclotron com energia de 40 Mev, para bombardear cerca de 1 milhão de átomos do isótopo 235 do einstênio, o que correspondia, à época, a todos os átomos deste elemento já obtidos até então. O mais interessante é que cálculos realizados para prever as possibilidades experimentais apontaram que, nestas circunstâncias, a perspectiva era de que um único átomo do Elemento 101 fosse obtido. Ainda, devido à expectativa que a equipe tinha quanto ao seu período de meia-vida, a identificação seria uma verdadeira corrida contra o tempo.

Pichon (2019, p. 1) apresenta uma interessante reflexão sobre o calendário: "um ano para preparar um alvo, uma semana para produzir um novo elemento e algumas horas para fazer a detecção" (tradução nossa). Seaborg (1969) aponta que o experimento, devido ao caráter ousado, exigia um certo grau de sorte, além do aparecimento de inovações técnicas, que vieram a partir da conhecida técnica de recuo, que possibilitava a utilização recorrente do alvo, permitindo sua entrada em uma folha de ouro. A sorte veio com a detecção de um impulso grande e único no aparelho de detecção que, "por uma confiança injustificável" (SEABORG, 1969, p. 52), foi relacionado à possível identificação do novo Elemento. Foi apenas em 18 de fevereiro de 1955 que os experimentos definitivos foram realizados, confirmando a síntese do elemento.

> Para aumentar o número de acontecimentos que poderiam ser observados de uma vez, três irradiações sucessivas, de três horas cada uma, foram feitas e, em seguida, os produtos de transmutação foram rápida e completamente separados pelo método de resinas trocadoras de íons. Alguns íons de Einstênio-253 estavam presentes em cada caso, juntamente com o Califórnio-246, produzido a partir do Cúrio-244, que também se encontrava presente no alvo. De qualquer maneira, foi possível definir as posições nas quais os elementos eluíam da coluna contendo a resina trocadora de íons. Usaram-se cinco contadores para as fissões espontâneas para contar simultaneamente as gotas de solução correspondentes aos três experimentos. O total de cinco fissões espontâneas foi observado na posição correspondente a eluição do elemento 101, ao passo que oito fissões espontâneas foram observadas na posição correspondente à eluição do elemento 100. Nenhuma outra contagem foi observada em nenhuma outra posição de eluição de outros elementos (SEABORG, 1969, p. 53, com grafia atualizada).

Pichon (2019) aponta para existência de um vídeo[33], de 1955, que mostra alguns membros da equipe, tanto no momento de extrema atenção e celeridade, quanto no momento de êxtase e empolgação pelos resultados da síntese. Utilizando um charmoso Fusca, os cientistas correram do cíclotron até o laboratório, buscando realizar as separações químicas e identificar o decaimento radioativo dos átomos. As equações das reações nucleares relacionadas à descoberta e à identificação do Mendelévio são:

$$^{253}_{99}Es + ^{4}_{2}He \rightarrow ^{256}_{101}Md + ^{1}_{0}n \quad \text{(Equação 1)}$$

$$^{256}_{101}Md \rightarrow ^{256}_{100}Fm \; [t_{1/2}=1{,}5\ h] \quad \text{(Equação 2)}$$

A equipe de Berkeley propôs o nome Mendelévio para o novo Elemento descoberto, com símbolo sugerido Mv. No entanto, como já tinha acontecido para o Einstênio (o sugerido foi E, o adotado Es), a União Internacional de Química Pura e Aplicada (*International Union of Pure and Applied Chemistry*, IUPAC) não recomendou o símbolo, desta vez pela possível confusão com as variações da unidade de potencial elétrico, Volt, adotando o símbolo Md.

A vida é um caminho

"Vai caminhante, antes do dia nascer
Vai caminhante, antes da noite morrer".
(Os Mutantes)

Uma justa homenagem. Uma bonita homenagem. É pouco provável, bem pouco provável, que tenha passado pelos pensamentos de Dmitri Mendeleev que, um dia, um daqueles quadrados da sua mais brilhante proposta tivesse seu nome. Mas contamos com os trabalhos científicos e o reconhecimento das pessoas transurânicas para agraciar o cientista russo com tamanha honra.

Na justificativa, a equipe de Berkeley apontou que o mesmo princípio utilizado por Mendeleev para predizer as propriedades Físicas e Químicas de elementos ainda não descobertos guiou os trabalhos de síntese de elementos transurânicos. Mas a Tabela Periódica não foi sua única contribuição para o mundo. Chassot (1990) aponta o russo como

[33] https://www.youtube.com/watch?v=kBC2mcd61IA&t=9s.

um grande mestre, um cientista eminente. Além da vasta produção em Química, possuía forte interesse social e econômico, interessava-se por petróleo, participou da criação de cursos que aceitavam mulheres em São Petersburgo, foi um dos pioneiros no voo com balões de ar quente e se interessava pelo universo, estudando o eclipse solar (CHASSOT, 1990; PICHON, 2019). É muito justo que seja o 101° azulejo da sua maior invenção, nas palavras de Pichon (2019), e ainda empreste seu poderoso nome para uma crista no Oceano Ártico e para uma cratera no lado escuro da lua (aqui invoco o porteiro Jerry, em Eclipse do Pink Floyd: "*there is no dark side of the moon really...matter of fact it is all dark*[34]").

Ainda em Pichon (2019), somos levados a refletir sobre a nomeação de um Elemento Químico descoberto nos Estados Unidos com o nome de um Russo. A grandiosidade de Mendeleev fez a proposta passar pelo crivo do governo estadunidense. Até o "inimigo" reconhece as contribuições do inventor (de um dos inventores) da Tabela Periódica.

E o mendelévio? O que dizer dele?

"Qual será esta música? Quem ouvem esta música?
Pra que serve esta música?"
(mundo livre s.a.)

O Mendelévio tem número atômico 101, massa atômica 258,0984u, é um metal e sua aparência é desconhecida, embora seja considerado sólido a temperatura ambiente. Hoje, são conhecidos dezessete (que número horrível) isótopos do elemento, sendo o 258 o menos instável, com meia-vida de 51,5 dias. Existe uma escassez de átomos de Mendelévio, o que faz com que existam poucas investigações sobre ele. Sabe-se, no entanto, que possui duas valências, +2 e +3, quando em solução, existindo na forma de fluoreto e de hidróxido.

Não existe aplicação prática para o Mendelévio, mas ele faz parte, como um tijolo, da construção dos elementos transurânicos sintetizados pela humanidade, em busca de uma possível ilha de estabilidade, conceito cunhado por Seaborg, que imagina que exista um valor para a massa de elementos superpesados que possuem uma boa estabilidade, podendo ser encontrados no universo, em eventos como supernovas.

Para finalizar, parece deveras interessante a reflexão proposta por Strathern (2002, p. 179): "Em 1955 o elemento 101 foi descoberto e

---

[34] Não existe lado escuro da lua, de fato ela é toda escura.

tomou seu lugar devidamente na Tabela Periódica. Foi chamado de mendelévio, em reconhecimento ao feito supremo de Mendeleev. Apropriadamente, é um elemento instável, sujeito a fissão nuclear espontânea".

Dedico este texto a Albert Ghiorso, pelos grandes feitos na Física Nuclear. Em 2003, escrevi um trabalho para a RASBQ sobre ele. Em 2008, enviei um e-mail para falar sobre minha produção. Nunca foi respondido. Em 2010, soube, pela Internet, da sua morte. Mas os grandes não morrem. É um dos meus ídolos na Ciência.

Referências

CHASSOT, A. I. *A Educação no Ensino de Química*. Ijuí: Livraria UNIJUÍ, 1990.

GHIORSO, A.; HOFFMAN, D. C.; SEABORG, G. T. *The Transuranium People*: The Inside Story. World Scientific, 2000.

HOFFMAN, D. C. *Glenn Theodore Seaborg 1912-1999*: A Biographical Memoir. Washington: The National Academy of Sciences, 2000.

PICHON, A. Mendelevium 101. *Nature Chemistry*, n. 11, p. 282, 2019.

SEABORG, G. T. *Os Elementos Transurânicos Sintetizados pelo Homem*. Rio de Janeiro: Edgard Blucher, 1969.

SILVA, S. A. *Dos Pesos Atômicos à Descoberta da Lei Periódica*. 68 f. 1994. Monografia (Licenciatura em Química), Universidade Federal Rural de Pernambuco, Recife, 1994.

SIMÕES NETO, J. E.; PAVÃO, A. C. Albert Ghiorso, Elementos Transplutônicos e o Ensino de Química; IN: CONGRESSO LATINOAMERICANO DE QUÍMICA, 26, REUNIÃO ANUAL DA SOCIEDADE BRASILEIRA DE QUÍMICA, 27. Salvador, 2004. *Anais...*, Salvador: Sociedade Brasileira de Química, 2004.

STRATHERN, P. *O Sonho de Mendeleiev*: A Verdadeira História da Química. Rio de Janeiro: Jorge Zahar Editor, 2002.

TOLENTINO, M.; ROCHA-FILHO, R. C.; CHAGAS, A. P. Alguns Aspectos da Classificação Periódica dos Elementos Químicos. *Química Nova*, v. 20, n. 1, p. 103-117, 1997.

WYNN, C. M.; WIGGINS, A. W. *As Cinco Maiores Ideias da Ciência*. São Paulo: Editora Prestígio, 2002.

SOBRE OS ORGANIZADORES

MÁRLON HERBERT FLORA BARBOSA SOARES

Licenciado em Química pela UFU. Mestre e Doutor em Ciências (Química) pela UFSCar. Professor do IQ – UFG e um dos coordenadores do Laboratório de Educação Química e Atividades Lúdicas (LEQUAL). Faixa preta 4º. Dan em Karatê (para descer a pancada em fascista), pai do Rodrigo e da Rafaela. Joga Fórmula 1 e God of War, sempre no modo fácil. Apaixonado por Sandman, Homem Aranha, Corinthians e Churros, não necessariamente nessa ordem. Compreende que Star Trek é melhor que Star Wars.

NYUARA ARAÚJO DA SILVA MESQUITA

Licenciada, Mestra e Doutora em Química pela UFG. Barba, cabelo e bigode na UFG, onde entrei aos 16 anos para cursar Química e aqui segui nos caminhos acadêmicos do mestrado e doutorado. Na UFG também "arrumei um emprego". Trabalho estudando, falando e fazendo formação de professores. Para além desses muros, gosto de ver coisas e pessoas, filmes, desenhos. Gosto (muito) de música. Tanto para ouvir quanto para dançar. Sou uma pessoa de reticências...

SOBRE OS AUTORES

ALEX MAGALHÃES DE ALMEIDA

É Bacharel em Química pela UFU, Mestre e Doutor em Química Analítica pela UNICAMP. Professor no UNIFOR-MG, contista nos momentos de expansão do pensamento, porém, desconhecido do mundo literário. Neste mundo virtual sou a pessoa que insiste em existir na realidade, por mais surreal que ela seja. Ainda não aprendi a viver plenamente, pois a todo instante noto algo para ser melhorado, e muitas vezes, por preguiça, deixo para uma outra oportunidade. Gosto de música e muitas letras e sons se confundem com momentos caóticos da minha existência. Não sei como resumir o que sou, mas plagiando o Batman, "sou alguém que olhou para o abismo e não piscou quando o abismo olhou de volta".

ALEXANDRE LUIZ POLIZEL

É professor do Instituto Federal de Educação, Ciência e Tecnologia do Espírito Santo, campus São Mateus. Doutor em Ensino de Ciências e Educação Matemática (UEL). Líder do Grupo de Estudos e Pesquisas em Educações, Filosofias, Ciências, Culturas e Sexualidades (Kultur). Um amante dos estudos das narrativas, hermenêuticas e do pensar contemporâneo com as ciências-técnicas-desejos.

AMADEU MOURA BEGO

Possui Licenciatura em Química e mestrado em Química Inorgânica pelo Instituto de Química da UNESP. É doutor em Educação para a Ciência pela Faculdade de Ciências da UNESP e tem pós-doutorado em Educação pela Faculdade de Educação da USP de São Paulo. Em 2016 recebeu o Prêmio Professor Rubens Murillo Marques da Fundação Carlos Chagas como melhor experiência educativa inovadora para formação de professores. Atuou ainda como Professor Visitante na Harvard Graduate School of Education no ano de 2020. Atualmente, é líder da Rede de Inovação e Pesquisa em Ensino de Química (RIPEQ). Amadeu é casado com Pâmela Priscile de Morais Bego, o amor de sua vida, é pai do Loui e, mais recentemente, do Liam, as duas forças motrizes de sua existência. É apaixonado pela sala de aula, pelas "gentes" da educação e pela formação de professores. Nas horas vagas tenta tocar contrabaixo e, como bom paulistano da terra da garoa, torce para o São Paulo Futebol Clube, o campeão de tudo. C'est la vie!

BRUNA FARY

É licenciada em Química pela UTFPR. Doutora em Ensino de Ciências e Educação Matemática, UEL. Professora no Centro de Ciências Químicas Farmacêuticas e de Alimentos, UFPel. Atua no Programa de Pós-Graduação em Química, UFPel. Inclina-se a investigar nas linhas dos Estudos Culturais das Ciências; Estudos de Gênero; Educação Ambiental e Antropoceno. Acredita que ser professora implica retirar o pensamento da inércia.

BRUNO SILVA LEITE

Professor de Química e de Tecnologias no ensino da Universidade Federal Rural de Pernambuco (UFRPE). Licenciado em Química, Mestre em Ensino das Ciências pela UFRPE e Doutor em Química Computacional pela Universidade Federal de Pernambuco (UFPE). Tem curiosidades pelas tecnologias, mas não tem medo que uma revolução das máquinas aconteça! Pesquisa sobre diversas contribuições tecnológicas (digitais e analógicas) no ensino e, como todo professor (Elementar, meu caro), faz muitas coisas: é professor (só aqui, já diz muito); é coordenador do Laboratório para Educação Ubíqua e Tecnológica no Ensino de Química (LEUTEQ) da UFRPE; é o atual diretor da divisão de ensino de Química da Sociedade Brasileira de Química; é professor em programas de pós-graduação; é revisor de periódicos para ajudar no progresso da Ciência (pense assim também); está rodeado por quatro mulheres lindas, a esposa e as três filhas; fã da Pepsi Twist (melhor refrigerante do mundo), de Star Wars (quem não é?!) e do Dragon Ball (melhor que Naruto).

CAMILA SILVEIRA

É Licenciada em Química pela Unesp de Araraquara, Mestre e Doutora em Educação para a Ciência pela Unesp de Bauru. Uma paulista nascida em terra de clima seco e quente, que, apesar de não gostar de frio, desde 2013 é professora no Departamento de Química da UFPR, em Curitiba (a capital mais fria do Brasil!), realizando atividades de ensino, pesquisa, extensão e gestão. É uma entusiasta das relações entre Ciência e Arte, adora popularizar Ciência e promover ações educativas sobre Mulheres Cientistas. Tem orientado pesquisas de Iniciação Científica, Mestrado (Acadêmico e Profissional) e Doutorado. Ama museus, exposições e afins, sendo seus temas de pesquisa e de projetos de extensão e de divulgação científica. Uma docente apaixonada pela formação docente na Licenciatura e na Pós-Graduação. Uma cientista defensora da Educação Científica. Uma divulgadora que sonha em democratizar a Ciência. Uma mulher que luta por espaços científicos e acadêmicos mais diversos.

EDUARDO LUIZ DIAS CAVALCANTI

É licenciado em Química pela Universidade Federal de Goiás, mestre e doutor em Química também pela UFG, atualmente é professor associado da Universidade de Brasília e coordena o Núcleo de Pesquisa e Investigação em Jogos e Atividades Lúdicas no Ensino de Química – LUDEQ. Cofundador do Jalequim, cofundador da revista eletrônica Ludus Scientiae, pai da Cecília, esposo da Cybele, corinthiano, maloqueiro e sofredor, ultimamente mais sofredor do que maloqueiro, jogador de boardgames, gosta mais da DC do que da Marvel, fã de Ariano Suassuna, tomador de cerveja e fazedor de churrasco.

GAHELYKA AGHTA PANTANO SOUZA

É Licenciada em Química e Mestre em Educação pela UFMT, Doutora em Educação pela UFPR. É professora da UFAC desde 2016, na qual tem atuado com projetos de ensino, pesquisa e extensão, com temáticas que envolvem a formação inicial e continuada de professores de Química.

HÉLIO DA SILVA MESSEDER NETO

Licenciado em Química com mestrado e doutorado pelo programa pós-graduação em Ensino, Filosofia e História da Ciência UFBA/UEFS. Professor da UFBA, educador popular, comunista, barista e lutador iniciante de Muay Thay. Gosto de dançar forró e sou autor de uma página de divulgação cientifica no Instagram chamada @pilulaquimica. Adoro o mar, mas não sei nadar direito. Sei fazer um excelente bolo de queijo com goiabada e café moído na hora para conversar sobre química, educação, revolução, psicologia e biscoitagem na internet.

IRENE CRISTINA DE MELLO

É Licenciada e Bacharel em Química e Mestre em Educação pela Universidade Federal de Mato Grosso (UFMT) e doutora em Educação pela Universidade de São Paulo (USP). Atualmente é professora e pesquisadora em três programas de pós-graduação na UFMT (PPGE, REAMEC, PPGCEN), na linha de Educação em Ciências. Aprendeu a gostar de Química ainda no ensino médio e decidiu efetivamente pela carreira docente no mestrado, onde estudou o ensino da Tabela Periódica dos Elementos Químicos. Atualmente, coordena o Laboratório de Pesquisa e Ensino de Química da UFMT (Grupo de pesquisa registrado no CNPq), onde desenvolve diversas atividades de ensino, pesquisa e extensão. Trata-se de uma pessoa que gosta muito de Ciências e tem muito orgulho de ser professora de Química.

JOÃO TENÓRIO

É Licenciado em Química e mestre em Ensino de Ciências pela UFRPE e Doutor em Psicologia Cognitiva pela UFPE. Antes que perguntem: não sou psicólogo! (mas até que gostaria... quem sabe um dia?). Pai do pequeno Arthuzinho, marido da Erica e torcedor do Clube Náutico Capibaribe. Atualmente, divide seu tempo trocando fraldas, tentando escrever artigo, preparando/ministrando aulas e jogando videogame. Gosta de tudo relativo à cultura pop, apesar de não ter o mesmo tempo de antes para acompanhar tudo. Como um bom millennial, gosta de (quase) tudo que é relativo aos anos 80/90: música, filmes e até comerciais de TV que fazem bater aquela nostalgia. Não me procurem no Instagram. Mas se quiser me seguir no X (finado Twitter) só colocar lá @tenorioratis.

JOSÉ EUZEBIO SIMÕES NETO

É Licenciado em Química pela Universidade Federal de Pernambuco, Mestre e Doutor em Ensino de Ciências pela Universidade Federal Rural de Pernambuco, após pegar um Barro/Macaxeira, evidentemente. Torcedor do Santa Cruz, jogador de videogame do tipo Nintendista, gosta de assistir desenho, ler quadrinhos e não curte dormir, apesar de sentir falta. Adora Doctor Who e é um dos maiores conhecedores de coisas inúteis em linha reta da américa latina.

MARCUS BOLDRIN

Graduado em Licenciatura em Química pela Universidade Federal de Uberlândia. Atua como professor nas redes pública e particular de Pouso Alegre, sul das Minas Gerais, onde reside com a esposa, Andréia e um belo casal de filhos, Dimitri e Giovana. Começou a escrever na adolescência, embora seus escritos mais antigos tenham todos se perdido ao longo dos anos, o que ele, na verdade, considera uma sorte. Palmeirense convicto. Diz ter múltiplos interesses, mas não declara exatamente quais sejam. Quando perguntado, apenas sorri enigmaticamente e responde: pois é...

ROBERTO DALMO

É licenciado em Química pela UFF e Doutor pelo CEFET T-RJ em Ciência, Tecnologia e Educação. Ele está professor da Universidade Federal do Paraná – Departamento de Química. Atuando nos programas de pós-graduação em Educação (PPGE) e Educação em Ciências e em Matemáticas (PPGECM) com os temas Estudos Culturais da Ciência e Tecnologias e Relações entre Ciência e Arte. Amante da Filosofia e da linguística, ele focou os últimos anos de sua carreira em estudos em Therolinguística – o que fez com que se sentisse confortável para trabalhar como tradutor de excrementos de pombo.

1ª. edição:	Abril de 2024
Tiragem:	300 exemplares
Formato:	16x23 cm
Mancha:	12,3 x 19,9 cm
Tipografia:	Open Sans 10/14/18
	Garamond 11
	Roboto 9/10
Impressão:	Offset90g/m²
Gráfica:	Prime Graph